貓熊好療癒

這些年我們
一起追的圓仔～
頭號「圓粉」
私密日記大公開！

周咪咪—著

目錄 CONTENTS

我的小寶貝，

在心情盪到谷底時，
遇到了小圓仔

2013年的7月6日，台北市立動物園誕生了一位動物
界的國際巨星，吸引了世界各地動物迷們的矚目，更
撼動了我的心，讓我的世界從此因為這個溫暖的小生
命起了翻天覆地的變化⋯⋯

在我人生最低潮時…

哈囉，大家好，
我是圓仔！

或許從小到大，我都一直深受幸運之神的眷顧，即使我並不是個愛念書的人，但高中和大學所就讀的學校都還算優秀，也經常憑藉著耍耍小聰明和活躍社交的特質，自然而然成為眾人關注的焦點，因而沒有經歷過那種大風大浪，讓自己逐漸成熟長大的階段。在同學們的眼中，認為像我這樣沒有企圖心的人，一定會在畢業後不久便早早走入家庭、結婚生小孩。

©胖花媽

出了社會之後，一開始確實沒有強烈的事業心，只不過在工作成就上總是平步青雲，其中不乏遇到許多貴人相助，加上主管的提拔，慢慢被賦予越來越多的要求和期望後，好勝的我不斷地自我鞭策要比現在表現更好、做得更多、更努力，使得我在三十出頭的年紀就已經擔任重要主管職務。對於自我能力的肯定，我始終自信滿滿，甚至有些不可一世，我認為凡事在沒有嘗試過之前，不該認為自己做不到，所以不僅對下屬嚴格，對自己更是嚴苛，可想而知在一般人眼中，我在工作上是個既驕傲又難以親近的人。

小圓仔展大將之風，啥咪攏不驚！ © Emily Chiu

　　2013年，是我人生當中第一次面臨到最大挫敗感和打擊的時期。當時可說是整個金融市場大環境的景氣寒冬，我所任職的公司決定在制度方針上做出全面性的大改革，向來備受上級信賴的我，被指派接任管理與開發一個新興市場，那是一個我以往從未接觸過的陌生區塊，除了一切都得從頭摸索學習之外，景氣持續低靡，也迫使公司希望在極短的時間內就能看到好成績。倍感壓力的我，很清楚這樣的要求已超出自己能力範圍所及，數度猶豫是否該接下這個被大家都視為不可能的任務，畢竟要想開發一個新興市場，必須經過一段長時間的苦心經營才能開花結果，更何況是在不景氣的非常時期，想當然更是難上加難，但是好勝心強又不願意服輸的個性，是不會允許自己輕易退卻的，於是我硬著頭皮接下了這個職務。

　　之後，我全心全力投入於工作之中，完全沒有屬於自己的生活，即使是下了班之後，我所做、所想的事還是與工作脫離不了關係，像是我有看書的習慣，但所看的都是金融、財經與管理方面的書。為了力求完美表現，我不斷自我要求，也造成自己莫大

的壓力，經常在一整天的會議結束後，總覺得自己有種完全被掏空、消耗殆盡的感覺，然而到了夜晚，即使身心俱疲卻怎麼樣也無法入眠。更殘酷的是，現實讓我明白了並非凡事都一定能如己所願，努力也未必會成功，就像我在新任務的表現上，始終無法交出令公司滿意的亮眼成績一般。

以往當我遇到不如意的事情時，總習慣纏著好朋友大吐苦水，發發牢騷也就過去了，但這幾年來，在我把生活重心全然寄託於工作上時，身旁的好友卻一個個結婚生子，大家都有了自己的家庭，不再像以前一樣，在我需要好朋友的陪伴時能夠隨Call隨到，而姐妹們難得的聚會，聊天的話題也都變成圍繞在家庭生活和親子關係方面，我似乎成了插不上話的局外人，我漸漸變得沉默寡言，也不再是眾人關注、羨慕的焦點。

我愛大家！

©江貞融

有如天之驕女的我，突然間遭遇到難以承受的失敗與挫折，徹底擊潰了我的自信，然而心靈上也找不到值得慰藉的依靠。不認命的我從以前就一直深信，任何事情只要自己努力去追求、爭取，就能有辦法得到，但是緣分這種事，還真的是強求不來的。在很多親朋好友的眼中，都認為我條件還不錯，會找不到好男人必定是眼光太高、太會挑，我確實也不願意因為

年紀老大不小了、害怕孤單寂寞就隨便找個伴，而且有時工作一忙起來，不得不加班到十一、二點，那時就會想，好在我沒有家庭，不然一定會帶給我雙重壓力，最後必然會有一件事情做不好，與其這樣，倒不如自己好好的生活。

©台北市立動物園

可如今我引以為傲的工作成就不再，讓我覺得自己竟然一無所成，突然感到心慌莫明，不知道自己下一步該做什麼、能做什麼，不僅原本消瘦的身形變得更顯單薄，似乎連心也生了病，懷疑自己會不會是罹患上了憂鬱症。於是找上心理醫師尋求協助，然而他卻輕描淡寫的告訴我，問題並沒有像自己所想的那麼嚴重，只要我能夠適時將注意力從工作上轉移，在生活中找到其他可寄託與期待的事物，就不會將工作上的不順心不斷放大而難以釋懷了。

或許是幸運之神再度找到了我，正好就在這個時間點，可愛的圓仔降臨到了這個世界，成為我生活中值得期待與關心的心靈寄託，也慢慢把我變成了一個更有溫度的人。現在當我聽到周圍的人，在述說自己所面臨到的困難時，我都能夠有感而發，以同理心去看待，也覺得人有時候其實不用勉強自己一定要勇敢，因為每個人的承受力是有限的，若是發現自己遇到了挫折時，要試著讓自己釋懷，想辦法去排解，也要學會接受自己的不完美，而不是一再壓抑或假裝看不見，對自己苦苦相逼，這樣的人生未免活得太辛苦。

從貓熊寶寶身上
學會人生道理

美得閃亮亮呢！

©周咪咪

不管不管啦！
快來陪我玩！

©台北市立動物園

　　當認識我的人，知道我竟然會像迷戀偶像般對圓仔一往情深，通常的反應都是一臉驚訝到下巴要掉下來的模樣，因為我向來給人幹練、嚴肅的印象，唯獨在圓仔面前就會回到年輕時那個單純天真的樣子。老實說，如果可以選擇，我也不想長大，希望永遠保有一顆赤子之心，但社會的歷練、為了扮演好自己的角色、要給人專業精明的形象，於是不得不將自己武裝起來，在面對考驗時，不能輕易展現出退卻、不夠堅強的模樣；遇到不開心的事，更不能隨便就掉眼淚，我努力讓自己成為一個理性成熟的人，而將感性的那一面給深藏了起來，在不知不覺中，也忘了自己有多久沒有真正開懷大笑過了，直到身邊的朋友有一次忍不住問我：「妳為何總是皺著眉頭？感覺好像無時無刻不在生氣的樣子。」我才注意到鏡中的自己，在眉宇間竟藏著兩道深刻的紋路，因此即使是面無表情，也使我看起來就像是在生氣皺眉。

　　多虧了圓仔的出現，為我的生活增添許多歡樂，而若一定要問我為何會這麼喜歡牠的原因，我想很大一部份和貓熊所展現出「簡單純粹」的特質有關。我一直是個喜歡簡單的人，凡事我都希望能簡單化處理，而貓熊非黑即白的毛色，正是既簡單又鮮

11

熊比花婿！誰比仔仔更可愛！

©Teresa Wang

仔仔，媽麻來潰淘喔！

明，卻令牠們更顯獨特。此外，有養過動物的人一定都知道，其實每隻動物也有著自己的個性，而圓仔的性格非常鮮明，牠經常會做出一些無厘頭的事，甚至偶爾也會鬧彆扭，就像個很有個性的小女孩一樣，因此每天關注牠的一舉一動，看著牠逐漸從一個粉紅肉色小不點，長成一隻頭好

©周咪咪

壯壯黑白大貓熊的過程中，讓我們這些喜愛圓仔的人，忍不住將牠視為自己的孩子一樣關愛。

　　從新聞媒體、網路影片知道圓仔又做了些什麼，成為我每天工作之外最關心也最開心的事，看到牠小小的個頭，努力成長、探索一切新事物的勇敢冒險精神，圓仔逗趣的模樣，不但讓我可以完全拋開現實生活中的煩惱和壓力，也啟發了我應該學習牠那大無畏的生活態度，連小圓仔都知道跌倒了只要再爬起來的簡單道理，牠可不會因為從樹上倒頭栽就不敢再爬樹，反而是越挫越勇、越爬越高。再回頭看看自己，活了大半輩子，只懂得追求工作上的成就，為了不盡人意的表現而患得患失，卻忽略了生活中還有許多值得接觸、學習的事物，這真的只是信念上的一個轉變，如此簡單，卻困擾了我這麼久。終於想通之後，現在的我，即使工作上仍舊困難與挫折重重，也總有辦法說服自己坦然、樂觀去面對，而這一切，竟然是一隻剛出生的貓熊教會我明白的道理，實在是太有趣而特別的領悟。

13

一出生就有巨星之姿的小圓仔

小小圓仔誕生囉！

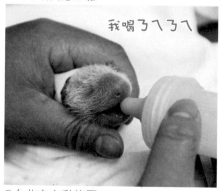

我喝了ㄟㄟ

©台北市立動物園

從小到大，因為家裡從來沒有飼養過任何寵物，所以我也沒有和動物近距離接觸過的經驗，對於動物並沒有所謂的喜歡或討厭，大概可以說對牠們很無感吧！直到2013年圓仔的誕生，當時牠可是攻佔下新聞媒體頭條版面相當長的一段時間，只要一打開電視，相信幾乎很難有人可以不注意到這隻搶盡了鎂光燈鋒頭的小傢伙，而我的目光和注意力，也就是從那時候開始，再也無法從這個小萌娃的身上移開了。

以往工作日的午休時間，因為不喜歡在熱門用餐時段出去人擠人，因此我都會留在辦公室裡滑平板看看新聞、臉書，等到大家的用餐時間快結束時才出去覓食。當圓仔成了新聞焦點後，更是讓我常常連午餐都忘了吃。

嗨！
我會捲舌儿喔！

©台北市立動物園

　　還記得當初圓仔吸引我目光的一大事件，就是剛出生不久小小一隻紅通通的圓仔，被身為新手媽媽的圓圓用嘴巴想將牠給叼起來時，結果一個不小心被弄傷了，之後動物園的保育員因擔心幼小的圓仔可能因此而傷口受感染，於是決定將牠和媽媽暫時分開，以人工養育的方式給予牠無微不至的呵護。想不到貓熊剛出生時的模樣，完全不像是我們印象中那樣黑白分明的毛色，而是全身透著粉紅的肉色肌膚，第一次從電視新聞上看到圓仔時，心裡忍不住想說：「這明明比較像是隻小老鼠，怎麼會是貓熊寶寶呢？」也就因為這樣，引起了我對圓仔的好奇心。那時只要一看到圓仔，牠除了睡覺的時間外，都像是永遠吃不飽似的不停哇哇大叫著，還有保育員將只有手掌般大的圓仔捧在掌心裡餵食、小心翼翼幫牠清理便便……圓仔的每個一舉一動都讓我覺得好新奇、好有趣。就這樣，每天仔細觀察圓仔神速的成長與變化，似乎也成為我生活中像是呼吸、吃飯一樣重要而必須的事。

　　在圓仔還沒有在台北市立動物園區裡正式放展前，想要看到牠只能透過電視新聞和網路，當時YAHOO奇摩新聞特別開闢了個

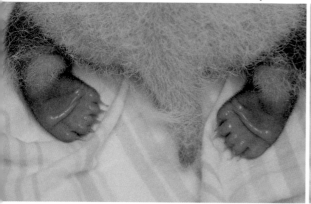

這是我的小腳丫呢！

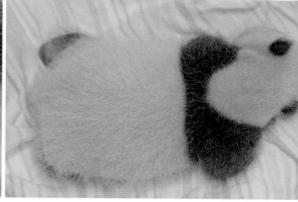

看我像不像穿背心呢！

©台北市立動物園

「圓仔日記」，台北市立動物園也會在每天上午時將圓仔的影片上傳到Youtube，於是我就像個戲劇迷一樣，特別為了圓仔申請了一個Youtube的帳號，每天開始追圓仔的相關影片，想不到有個意外發現，原來像我一樣為圓仔瘋狂的人還挺多的！我們這一群「圓粉」不但總是迫不及待在影片播出的第一時間觀看，更愛搶頭香留言，一起分享與討論圓仔的一切，這是以前不曾參與過任何網路活動的我，絕對不可能會做的事。更讓我們這群「圓粉」開心的是，每天下午四點到五點間還能透過中華電信MOD觀看到圓仔的網路直播；而沒有辦法觀看直播的人，也可以在當天晚上十點看到Live重播影片，這樣我天天都能和圓仔見面，每到這個時候，圓仔也總是特別活躍，電力十足的牠會纏著媽媽要喝奶奶、討抱抱、玩遊戲，不論一舉手一投足，都好可愛、好療癒啊！

　　我還記得第一天的直播日，不巧當天晚上和朋友有約，回到家時已經是半夜兩點多，錯過了Live重播的時間，不甘心的我三更半夜打電話給客服，詢問他們還能在何時看到重播影片，我想當時客服人員一定很驚訝，居然會有人對圓仔如此瘋狂吧？

而最讓我感到觸動人心的畫面，莫過於圓圓和圓仔母女分別了一個月後，終於再度見面的過程。即使人工飼養再怎麼照顧周全，讓幼仔由媽媽親自餵養照顧，畢竟對寶寶和媽媽來說才是最好的安排。除了母女倆盡情享受天倫之樂外，跟在圓圓身邊的圓仔，也才能學習到媽媽的各種行為習性，有朝一日發展成一隻「身心健全」的大貓熊。記得那時動物保育員為了安全起見，先讓久別重逢的圓圓和圓仔母女倆隔著柵欄接觸，圓仔的眼睛雖然還未睜開，但似乎憑著味道就早已認出了媽媽，於是不斷「哇～哇～」大聲呼喚著媽媽，而圓圓也很激動，以平常極為罕見的叫聲來回應圓仔的呼喊，園方為了讓圓仔睜開眼睛時第一眼看見的

圓仔與圓圓媽媽終於再見面，這一幕好感人！©台北市立動物園

你再跑也跑不出我的如來熊嘴！

©台北市立動物園

就是媽媽圓圓，經過與大陸專家會議討論，圓仔傷口復原狀況良好非常的健康，且經觀察與媽媽圓圓的互動關係良好，因此經過多次的評估與謹慎地觀察，決定讓圓仔回到媽媽圓圓的懷抱。一放入欄中，圓圓立刻溫柔的將圓仔抱入懷中，圓仔也緊緊依偎著媽媽不斷撒嬌……直到現在，我只要一回想到當時看見圓仔重回圓圓懷抱時的那幅情景，仍會忍不住感動的留下眼淚。

這件事讓我不禁感到好奇，像我們這樣擁有高智商的人類，所有的知識都是靠教育學習而來，但動物們的母性卻是與生俱來的，當牠們一生下寶寶之後，似乎就知道怎樣去當一個媽媽、該如何去照顧和保護牠們的寶寶，就像圓圓怎麼會知道要靠舔舐才能刺激還不會自己排便的圓仔排泄？身軀順位龐大、又是第一次當媽媽的圓圓，卻能很溫柔、細心的哺育圓仔，這種來自於天性的母愛，是不是真的很偉大、很令人讚嘆？

而親眼見證到這個過程，似乎在某種層面，也撫慰了我人生中部分的缺憾。看到圓圓和圓仔的互動之所以會讓我這麼感動的原因，是因為我也是一個很喜歡小孩的人，也一直夢想著有一天能有個自己的家，生幾個可愛的孩子。可是這些年來，我的成就似乎只能發揮在工作表現上，感情的緣分卻始終遲遲未到，然而隨著年紀的不斷增長，當媽媽的夢想，似乎也離我越來越遠，或許我得學著去釋懷自己可能將單身一輩子的殘酷現實，而圓仔在此時此刻出現，看著牠成長的點點滴滴，讓我無法展現的母愛也有了寄託之處……。

圓圓

圓仔

圓麻的小臉術！
太聰明啦！

©台北市立動物園

就像是自己的小孩

小圓仔成長的
點點滴滴

說起圓仔的有趣事蹟，真是多到說不完，因為牠總是
三不五時就會有驚人之舉，小腦袋瓜裡總有無限的創
意和想法，還有用之不盡的無窮活力……

超有個性、有想法的小女生

哈！好癢啦！
我舉雙手投降！

©台北市立動物園

小圓仔變大
還是調皮搗蛋哩！

©胖花媽

　　圓仔就連剛出生還待在保溫箱中，沒有太多行動能力的時候，就已經非常的不安分，在我的印象中，只要是睡覺以外的時間，牠總是咧著嘴哇哇大叫，同時不停扭動搖擺著粉紅色的小身軀，簡直像極了某家電池廣告裡，那隻號稱電力超持久的兔子玩偶。

　　漸漸長大後的圓仔，更不難看出有著鮮明的性格，既活潑好動又聰明有主見，就像是智商越高的小朋友就越不受大人所控制一樣，常常讓圓圓媽媽對牠束手無策。例如有一次直播時，就看到圓圓媽媽趴在平時用來為牠們做身體檢查紀錄的體重計上睡覺，而一旁就有顆會不時滾來滾去的絨毛小圓球，原來是小圓仔蜷著身體在啃著自己的小腳腳，直到牠覺得有些無聊時，就跑到媽媽旁邊輕輕拍打體重計，但睡意正濃的圓圓媽媽不想理牠，還刻意把頭給別了過去，於是小圓仔就學媽媽一樣趴在體重計上，但卻用頭不時地去輕碰媽媽，同時一雙小眼睛也一直咕溜溜轉呀轉的偷瞄媽媽，確認媽媽有沒有注意到牠，簡直跟頑皮小孩沒有兩樣，真的是太好笑了！

咦！有人偷拍嗎？

©Jia Sui Ni

　　圓圓媽媽對小圓仔可說是非常有耐性，經常可以見到圓圓在吃東西的時候，小圓仔會在媽媽身邊一直搗蛋，不斷的盧圓圓，甚至會像助跑選手一樣，從遠處衝過來撞媽媽，但圓圓都可以不為所動，頂多小圓仔鬧得實在太瘋狂時，圓圓便會伸出牠的胖胖腿來阻擋小圓仔的騷擾，讓人對於圓圓堅強和寬容的母性不得不大感佩服。難得有一次，調皮的圓仔終於把圓圓媽媽給惹毛了，生氣的圓圓拿圓仔身旁的竹葉出氣，一揮掌將圓仔周圍的竹葉全部掃到另外一邊，圓仔回頭發現周圍的竹葉居然都不見了，第一次見識到圓圓媽媽如此兇巴巴的一面，讓圓仔的小眼睛瞬間立刻瞪得老大，露出一副驚訝不已的表情，看到這一幕直播畫面的我們，也都個個忍不住笑彎了腰。

　　當圓仔開始可以吃和媽媽一樣的食物之後，雖然保育員一定

會備足牠們母女倆的食物份量，但同是吃貨的圓圓和圓仔，仍舊是三天兩頭輪番精彩上演搶食秀，有一次圓仔在吃窩窩頭時，圓圓聞香而來，圓仔發現媽媽靠近時，一口就把窩窩頭塞進嘴裡，然後裝出一臉無辜樣，還不時扭頭揮手做為掩護，圓圓媽媽許久遍尋不著，只得悻悻然離開，等到危機解除之後，圓仔這才一臉得意的將窩窩頭從嘴裡挖出來慢慢享用。想不到的是，這件事並未就此落幕，幾天後便上演了另一齣「圓媽對圓仔的窩窩頭復仇

圓仔一手塞竹筍，一手打媽媽。©胖花媽

圓仔！再加把勁！！

©周咪咪

記」，當時原本在一旁玩樂的圓仔，忽然意外發現了保育員放在樹枝
上要給圓圓媽媽的窩窩頭，毫不客氣地就大口吃了起來，這時圓圓媽
媽發現了，立刻衝上前去，圓仔也馬上將窩窩頭塞進嘴裡轉身落跑，
但圓圓終究憑藉著身形上的優勢，將圓仔給壓制在地，最後還以嘴對
嘴的強勢之姿怒拔窩窩頭，而圓仔最終只能躺在地上滾來滾去撒氣，
這部影片在網路上可是造成不小的轟動呢！

從桶桶看世界

有熊卡在桶桶裡面了

©泰勒莎　　　　　　　　©陳瀅珠

　　雖然這對貓熊母女常會為了食物你爭我奪，但一點也無損於牠們的好感情，稱職的圓圓媽媽還是會像野生大貓熊一樣，懂得教導圓仔很多自我保護的行為，因為在野外，若貓熊媽媽出去覓食的時候，落單的貓熊寶寶就必須要學會各種保護自己的本領，像是危急時刻能夠在第一時間爬上樹避難就非常重要，所以我們常會看到圓圓努力教圓仔爬上棲架的模樣。除此之外，圓圓和圓仔兩個最喜愛玩的一個遊戲就是「飛高高」，圓圓會躺在木床上，將圓仔舉得高高的，而圓仔咧嘴的模樣，看起來就像是開心的在大笑一般，只不過，隨著圓仔一暝大一吋的身形，圓圓很快就難以負荷，而改成親子角力大賽了。

　　動物園為了能讓圈養貓熊的行為豐富化，保育員會精心設計很多小遊戲，像是藏著木屑的毛巾、圓筒盪鞦韆、顏色大小不一的球球……讓好奇心重又精力充沛的圓仔可以玩個過癮，有一次就見到圓圓拿著一條黃色毛巾，圓仔想要從媽媽手中搶過來，於

27

是牠用盡各種方法，一下子用後腳站立，手齒並用抓住毛巾往後扯，一會兒又將毛巾裹在身上翻滾耍賴，雖然牠的體型比媽媽小得多，但永不言敗的好強個性可一點都不輸任何人，也難怪國外曾經有個網站就票選圓仔為最有個性的貓熊，而且還蟬連了兩屆冠軍喔！

我最喜歡看圓仔吃東西時超級開心的表情，似乎任何食物到了牠的口中都是極品美味，一副很心滿意足的樣子。由於貓熊的嗅覺能力很強，把食物藏在各個角落讓牠們尋找，根本是小菜一碟，毫無挑戰性，於是保育員有時會把食物懸掛在半空中，既可以刺激牠們做做腦力激盪，想出如何獲得食物的好辦法，同時也是訓練牠們多增加些運動量，於是經過幾次嘗試之後，聰明的圓圓常常利用鐘擺原理，先是拍打一下食物後，抓準它來回擺盪的節奏，等到食物盪過來時便來個全力一擊，就能成功將食物給擊落下來。而圓仔是青出於藍更甚於藍，牠的打食動作已經進化到殺球王的等級，經常是快、狠、準的一出掌便能使命必達。

圓仔不只愛爬樹，毀樹的功夫更是一流，心血來潮時的圓仔，會像一陣超級強烈颱風一般直搗樹叢林間，接著脆弱的小樹就會一陣劇烈晃動起來，然後紛紛應聲折斷，一瞬間叢林便被夷為了平地。關於圓仔熱愛毀樹的這個行為，圓粉們終於為牠找到了合理的解釋，那是因為圓仔得要保護自己，所以得定期將體質不良的小樹先行摧毀，才不會有朝一日等牠爬上去時，因承受不了牠的重量而折斷害牠摔傷。

哼！誰在說我胖！
不跟你玩了！

©Nicole Huang

圓仔收貓記。©胖花媽

　　大多數的圓粉去動物園看圓仔，通常都會待到關館的最後一刻，因為大家不想錯過「收貓」的精彩畫面。「收貓」是指動物園關園前，要將貓熊們帶回後場籠舍休息的過程，經常會發生各種有趣的情況，像是圓仔很喜歡待在戶外大樹的棲架上睡覺或乘涼，有幾次「收貓」時圓仔就非常的不配合，保育員光是用呼喚的方式，很難將牠給請下來，這時只好想盡辦法出動各種道具將牠引誘下來，最常用的是紅棒棒、毛巾，或牠最愛吃的筍筍，但

有一次，只見保育員用盡辦法花了二十幾分鐘都請不動圓仔時，
只好親自出馬把牠給抱下來，誰知才將牠一放下地，頑皮的圓仔
立刻一個轉身又馬上爬回樹上，讓保育員站在樹下哭笑不得，只
好重新耐著性子跟牠談判，而我們這群圓粉則在心裡暗暗讚嘆牠
是一個很有想法、不輕易妥協、有個性的小女生。

令人不捨又揪心的  母女離別記

媽麻陪你看細水長流！

©吳怡慧。

　　野生的大貓熊通常到了一歲半過後，就會離開媽媽開始過著獨立的生活，而超過一歲半的圓仔，也看得出來逐漸變得獨立許多，因此動物園經過多方考量，希望能盡量不違背動物們自然的習性，決定讓圓仔和圓圓分開，展開獨立的新生活。

　　一聽到這個消息時，雖然身為貓熊迷的我們都能理解，這是自然界不該違背的定律，但只要想到往後將再也見不到圓圓和圓

媽咪我愛你！

©Antonia Chung

仔母女倆有趣的互動畫面，同時又很擔心圓圓和圓仔會不會因此而傷心難過，都讓我們覺得既捨不得又很心疼。

　　我記得圓仔和圓圓正式分開的那天，我一直在辦公室裡偷哭，想到年幼的圓仔就要跟媽媽分開時，真的覺得牠好可憐，而不明就裡的同事們，看到我一整天都鼻子紅、眼睛腫淚眼汪汪的模樣，一定認為我遇到了多嚴重的事情，否則以我平常的個性，絕對不會輕易在人前掉眼淚。所幸「登大人」的圓仔表現得很勇敢，加上園方是以漸進式的安排，讓母女倆很快就能適應了獨自生活。而事實也證明，長大的圓仔應該獨立了，這樣圓圓才有得以喘息的機會，畢竟照顧圓仔真的非常辛苦，尤其圓仔又比其他同年的貓熊寶寶體形來得碩壯，且個性又活潑好動，看到圓仔不在圓圓身邊時，圓圓能專心吃東西，安安穩穩睡個好覺的樣子，就連我似乎都能感覺到，圓圓好像因此而鬆了一口氣，同時牠和團團也才有機會能再次生育貓熊寶寶。

　　想不到在動物的世界裡，竟有著比人類還堅強的大無畏精神，牠們既不會杞人憂天，不會還沒遇到事情就害怕退縮，也懂得在適當的時間點勇敢放手，邁開步伐往前走。從這次的事件中，使我理解與學習到人生中一堂很重要的課題，就是自然界再理所當然不過的事——離別，這是每個人都必須經歷的過程，我們必須接受「無常就是正常」，為這一天隨時做好心理準備。

圓仔與心愛玩具君 共度的歡樂時光

看過圓仔的人，對於牠豐富的生動表情一定會留下深刻的印象，牠會在開心、不開心或受到驚嚇時，露出各式各樣誇張的表情，例如露齒微笑、打招呼、翻白眼……因此給了我們許多的想像空間，像我們這些圓粉最愛把牠擬人化，為牠的表情配上各種台詞。

寵愛圓仔的保育員，為了不讓牠感覺無聊，經常送很多新玩具給圓仔玩，而牠每天都會發明許多新把戲給我們欣賞！

・水盆君

圓圓媽媽的飲水盆絕對是圓仔的心頭好，在牠很小的時候，就常常抱著水盆君爬上爬下的，一會兒把頭伸進去玩（因為圓仔當時還小，所以保育員沒有在水盆君裡面放水），一會兒乾脆整個把自己塞進水盆裡，只見圓圓就像個過度保護孩子的媽媽一樣，時時刻刻想將圓仔叼回身邊，好多次圓圓準備把愛玩的圓仔叼回身邊時，圓仔就會緊抓著水盆君不放，上演親子角力大賽。

・毛巾君

另一個經常跟圓仔形影不離的就是牠最愛的毛巾君，圓仔很愛

©Antonia Chung

©Emily Chiu

從小到大，圓仔對藍桶桶不離不棄。©周咪咪

©周咪咪

躲在裡面，
就不出來，
呵呵呵！

對毛巾君時而溫柔的又摟又抱，但不到一會功夫便立刻翻臉無情的對它又扯又咬，彼此間有著難分難捨卻愛恨交織的情結。

・藍桶桶

　　保育員用一個很大的藍色塑膠桶做成圓仔的搖床，常被我們稱做是圓仔的「藍桶堅尼」，小時候牠很喜歡把自己裝進圓桶中在裡面玩搖搖樂，或是推著它在展場中來個追趕跑跳碰，直到圓仔再也塞不進藍桶桶中，它就變身成為了驚喜桶，保育員不時會在裡面放些水果，或是圓仔喜歡的木屑，因此圓仔很愛有事沒事便探頭關心一下牠的藍桶桶。

小圓仔來點餐囉！

您好！
圓仔，請問今天
要點什麼呢？

耶！

嗯，我今天想要
吃窩窩頭……

還是蘋果果？

嗯……

©胖花媽

我是積木～
阿框！

我是貓熊～
圓仔！

是誰在動我？
怒！

矮優！是偶啦！
呆呆！

©周咪咪

圓圓＆圓仔，母女情深

我最愛媽麻了！

愛到 "咬" 媽麻

©周咪咪

你在看我嗎？還是我媽？

偷親我媽咪！

啾！

©Jia Sui Ni

© Emily Chiu

一起吃窩窩頭！

圓后與仔公主

©Emily Chiu

©Emily Chiu

愛屋及烏：

原來全世界的貓熊 都好萌好天真

喜歡上圓仔後的我，已養成在睡覺前上網看看貓熊影
片、照片的習慣，這樣不但能帶著愉快的心情入睡，透
過這些影片，也讓我認識到世界各地的知名大貓熊，牠
們雖然都是黑白相間的毛小孩，但只要深入認識，就會
發現每一隻貓熊都有自己獨有的特徵和個性呢！

親愛圓仔的爸爸媽媽 ——團團＆圓圓

團團

©周咪咪

圓圓

©江貞融

我常覺得團團和圓圓就像是王子和灰姑娘相遇的故事。團團的脾氣很溫和，圓圓則比較有個性，在團團和圓圓已被選為「贈台大貓熊」、但還未來到台灣之前，他們雙雙居住在四川臥龍自然保護區裡，早上起床時，保育員會叫貓熊們來吃東西，由於他們居住的園區很大，當保育園在呼叫他們的時候，有時圓圓不知道跑去哪裡溜達了，但團團總有辦法把圓圓找回來，真不愧是個疼老婆的新好男「熊」。他們夫妻倆曾經歷過四川大地震，當時臥龍自然保護區遭到不小的破壞，造成團團、圓圓走失，所幸後來他們平安而返。

至於為何我會說團團是王子呢……因為團團的媽媽：華美是第一隻在國外出生，之後回到中國大陸的「海歸派」，有著赫赫有名的家世背景，不過由於團團是華美第一次

團團與圓圓是知名贈台大貓熊，無人不知，無人不曉！©台北市立動物園

生育的寶寶，牠當時還不太會哺育小孩，所以之後由人工進行照護，使得團團和人類特別親近，性格也非常溫順；而圓圓則是由「斷掌貓熊」雷雷所生，雷雷是一隻相當了不起的貓熊，牠原是隻野生大貓熊，被人發現時左手掌因受傷而嚴重感染，最後不得不為牠截肢，因此而有了「斷掌貓熊」的稱號，即使如此，牠仍然能將自己所生育的五隻小寶寶照顧得健健康康，有著令人欽佩的堅強母性，大陸媒體於是給了牠「英雄母親」的頭銜，想必圓圓也遺傳到了雷雷媽媽偉大的母性，讓圓仔從小就能在滿滿的母愛呵護下幸福成長。一般貓熊有四個乳頭，可是圓圓卻有五個，因此我們都覺得圓仔喝的母奶，鐵定比其他幼仔貓熊都來得多，怪不得牠的個頭也比同期貓熊長得大又快，擁有像團團和圓圓如此百裡選一、優良基因的強硬後台，可想而知圓仔自然是高「熊」一等啦！

紅遍世界的最長壽貓熊
——巴斯奶奶

大家好！
我是巴斯奶奶

©周咪咪

今年剛過37歲生日的巴斯，是目前中國大陸最長壽的貓熊，若是換算成人類的年紀，牠已是140歲高齡，所以大家都尊稱牠為「巴斯奶奶」。巴斯奶奶原本是一隻野生大貓熊，曾歷經賴以為生的「箭竹開花」事件，對我們人類來說是難得一見的奇景，但對於貓熊來說卻是嚴重的斷糧危機，餓到渾身無力的巴斯奶奶，被人發現倒臥在零下三十幾度的冰河河道，之後輾轉送往福州大熊貓研究中心飼養。

據說巴斯奶奶的智商比一般貓熊都要高，學習能力相當於六歲的小孩，在當時動保意識並不算強烈的年代，牠被加以訓練會做騎車、投籃、舉重等表演，還曾經以中國野生動物保護協會的代表身份，被派往美國、加拿大、法國、日本等九個國家宣傳表演，多達上百家媒體都報導過牠的事蹟，可說是紅遍全世界，不但1990年北京亞運會的吉祥物「盼盼」是以巴斯奶奶做為範本，

準備揭開囉！　　　　　　　　哇！好精緻的蛋糕

©周咪咪　　　　　　　　　　©周咪咪

牠更是第一隻應中央電視台邀約，登上全國春節聯歡晚會的大貓熊，聽說還有電影公司正計畫將牠的故事搬上大螢幕，由此可見牠這一生的貓熊閱歷有多麼豐富。

　晚年巴斯奶奶患有高血壓和白內障，還生過幾場大病，所幸「福州熊貓世界」對牠照顧得無微不至、呵護有佳，巴斯奶奶35歲生日時，我也特別趕去參加牠的生日派對，看到牠健康快樂的模樣，真的很替牠開心，也希望巴斯奶奶能繼續長命百歲，成為貓熊界最長壽的一隻「熊」瑞。

女大十八變夢幻小公主
──夢夢

看我嬌俏的表情，是不是很秀氣呀！

©Nicole Huang

長大後越來越美的夢夢！

©周咪咪

　　在中國成都大熊貓繁育研究基地出生的夢夢，因為跟圓仔同年出生，所以經常會忍不住把兩隻貓熊拿來做比較，我們常戲稱夢夢是圓仔的勁敵，而夢夢是那屆第一隻出生的班長，同年還有一隻出生在廣東長隆野生動物世界的隆隆，也算是很出鋒頭的貓熊寶寶，那一年貓熊迷們甚至還舉辦了票選活動，討論2013年最漂亮的貓熊是哪一隻，身為死忠圓粉的我，當然是力挺圓仔啦！圓仔可是結合了團團、圓圓的優點於一身，有著細長的眉眼，配上背後的窄背心和那胖嘟嘟的身材，加上逗趣的表情和肢體語言，自然是人見人愛的小主。

　　話說回來，夢夢小時候的模樣極為有趣，一根一根直挺挺的毛髮，簡直像極了愛因斯坦，又被大家戲稱為「炸毛夢」，每次只要一看到牠小時候的照片，我總會忍不住噗哧一笑。不過牠真是女大十八變，越大越有氣質，竟然轉型為柔美、秀氣的小公主，還有人說牠是貓熊界的林黛玉，和圓仔古靈精怪的模樣大不同，所以成功收服了一批拜倒於牠圓滾滾身軀之下的廣大夢粉。

　　我在2014年前往成都大熊貓繁育研究基地一遊時，親眼見到過夢夢本尊，立刻就被牠超萌的外表給融化了，不得不承認「夢夢小公主」真的好可愛呀！

　　夢夢現在在上海野生動物園。

搞笑界的大頭諧星
──奧莉奧

© Pauline Tsang

奧莉奧是生於成都大熊貓繁育研究基地2012年的班長。牠的註冊標誌則是與身形有些不符比例的壯壯大頭，調皮搗蛋的個性，在基地裡是個打遍天下無敵手的小霸王，加上愛吃又胖呼呼的身材，為牠贏得了不少稱號，像是奧莉肥、奧胖胖、奧小豬，還有人叫牠奧總裁，不過奧莉奧的名字可是大有來頭，因為牠是在英國倫敦舉行奧運會首日出生的「奧運貓熊」。

奧莉奧不但從小是個吃貨，也很不安於室，因此常做出讓人噴飯的行為舉止，在網路上就能搜尋到不少牠的經典爆笑影片，例如讓牠一夕成名的越獄卡頭事件，至今仍舊是貓熊迷們一提起必定津津樂道的話題：頭比別人特別大的奧莉奧，一定沒有學過「頭過身就過」的道理，硬是將身體從細窄的欄杆中鑽了出去，結果正得意自己就要越獄成功的當下，卻發現頭被牢牢地卡住了，任憑牠怎麼掙扎就是拔不出來，所幸有保育員奶媽及時伸手相救，整個過程看得貓熊迷們是既想哈哈大笑，又有那麼些於心不忍。另外還有牠在開心洗香香時被小蜜蜂調戲；硬要跟其他貓

別這樣嘛！
我只是頭大了點！

©Nicole Huang

熊寶寶擠進小籃子中，害得大家動彈不得；一屁股坐在藍色小圓桶上，結果把可憐的藍籃子應聲壓爛；其他貓熊寶寶都在乖乖睡午覺，只有牠專心投入的在吃東西，結果被突然走進來的保育員奶媽給嚇傻了等等，這些畫面相信為許多人帶來不少歡樂。

不過就在奧莉奧長大之後，開始逐漸轉性，現在的牠性格越來越成穩，變得非常懂事乖巧，以前都是牠捉弄其他的貓熊寶寶，但現在別的貓熊跟牠搶食，牠也一點都不在意，實在是讓人跌破眼鏡。

奧莉奧現在在都江堰繁育野放中心。

新聞報導的
駙馬爺頭號人選—貢貢

當圓仔公開亮相之後，關注貓熊的人變得越來越多，隨著牠的成長，大家也關心起牠的終生大事。一般來說，雌貓熊在四到五歲左右，會進入第一次的發情期，雖然圓仔目前還是個小女孩，但身為圓粉的我們，個個都已懷著一顆期盼女兒能有個好歸宿的父母心，四處為圓仔物色適合牠的好對象，之前新聞報導中介紹過與圓仔同年出生的十隻雄性貓熊當中，第一個介紹的就是貢貢，所以也讓我們能夠認識到可愛貢貢了。

貢貢是2013年在四川雅安碧峰峽熊貓基地誕生。牠的媽媽叫做鳳儀，2014年開始旅居馬來西亞，她也非常的有母愛，通常野生大貓熊在野

©周咪咪

小紳士也有俏皮的一面！

©Nicole Huang

外艱困的環境中，若是誕生下雙胞胎時，會選擇只照顧其中較為強壯的幼仔，因此另一隻會成為棄嬰而難以存活，但是鳳儀不但會照顧自己的寶寶，還能夠同時幫忙保育員照顧別隻貓熊媽媽所生育的寶寶，因此牠在養育自己的孩子貢貢時，還幫忙餵養了另一隻叫做星安的貓熊寶寶，使得貢貢和星安從小就成為青梅竹馬的好玩伴。

貢貢和圓仔不但年齡相近，外表長得很可愛，個性又相當溫文儒雅，是個小紳士無誤，雖然我們這群圓粉私心希望圓仔能和貢貢在一起，不過貢貢與圓仔都是來自於盼盼家族，不確定是否有機會可以在一起，但是我們常常在看牠時，都是抱著丈母娘看女婿的心情，越看牠是越有趣，有時發現貢貢和其他貓熊妹妹開心玩耍時，還會開玩笑說牠真是花心的貢貢！

貢貢目前在山西太原動物園。

移居美國的圓仔舅公
——小禮物

我是小禮物！

© Tricia Yao

　　小禮物是一隻2012年出生於美國聖地牙哥動物園的公貓熊，牠的媽媽是白雲，也就是團團的外婆，所以小禮物算是圓仔的舅公。牠就如同自己的名字一樣，是美國這所動物園中珍貴的禮物，每一次過生日時，牠都會得到很多、很多的小禮物，讓牠拆到手軟。

　　小禮物也發生過很多讓人難忘的故事，在牠五個月大的時候，非常迷戀於一顆綠色的塑膠圓球，時時刻刻都能看見牠緊抱著那顆圓球不放，因此而佔據不少的媒體版面。還有一次是白雲在專心啃竹子，小禮物也像圓仔一樣，喜歡在媽媽吃東西時去煩她，不過白雲可沒有像圓圓一樣的好脾氣，而是很不客氣地將在她背後不停做怪的小禮物，給狠狠來個過肩摔，所以有貓熊迷笑說，白雲奶奶真的是貓熊界的虎媽啊！！

新生代可愛盟主
─寶寶&貝貝

在圓仔首度公開見客的隔日，美國華盛頓有隻和圓仔同時期出生的貓熊：寶寶，也舉辦了媒體記者會，牠和圓仔不但年紀相仿，還有著遠親關係，因此圓粉們對牠並不陌生，還暱稱牠為寶姨婆。最令人印象深刻的是，圓仔公開亮相時，全身白白淨淨，而寶寶則渾身沾滿了泥巴和稻草，以一派西部牛仔的美式風格登場。

寶寶和圓仔一樣，也是隻很有個性的貓熊，不但是個會挑食的傢伙，還有一次牠決定徹夜不歸，堅持睡在戶外展場的樹上。此外，寶寶有一雙看起來不符合貓熊身體結構的長腿，不知道是不是因為這樣，使得牠特別喜愛挑戰各種高難度動作，像是攀岩、一字馬、瑜伽……，因此也為牠贏得了「寶多燕」的頭銜。由於美國華盛頓國家動物園能看到24小時的貓熊直播，常聽到不少寶迷們忍不住抱怨，只要一打開直播就會目不轉睛看個沒完，因此他們都和寶寶一樣，有對貓熊眼。

而今年寶寶的弟弟也正式放展，是一個頭好壯壯的小胖弟，所以大家喜歡叫牠豬貝貝，但牠靈活矯健的身手，一點也不輸給姐姐，成為美國華盛頓國家動物園中的一對好動「寶貝」。

旅居馬國的幸福一家：
鳳儀&福娃&暖暖

嗨，
我是福娃！

貢貢的媽媽鳳儀（現名為靚靚），在2014年和福娃（現名為興興）一同旅居馬來西亞，在2015年8月生下了可愛的暖暖，而暖暖果然是「熊如其名」，非常的「友善、友好、親和」，由於我常在網路上看到有人分享關於牠的有趣事蹟，因此今年趁著難得的連假，便決定邀約朋友一起到馬來西亞去看牠們。

牠們一家三口入住在開放式的寬敞空間裡，少了玻璃的隔閡，好處是讓我們可以更清楚看到牠們，但也要很注意保持安靜，才不會使敏感的貓熊受到驚嚇和干擾。當時的暖暖才十個月大，但活潑又聰明的牠，已經是個很厲害的爬樹高手，這應該多虧了鳳儀是個很有威嚴的媽媽，常會看到牠非常認真在教導暖暖各種求生本能與技巧，加上暖暖的平衡感也非常好，在有如平衡木的棲架上都能穩如泰山，輕鬆來去自如，看到暖暖可愛的模樣，就不禁讓我想起圓仔小時候的一點一滴。有趣的是，暖暖有

暖暖跟鳳儀好似在撒嬌。©周咪咪

隻大貓熊玩偶做伴，常常能看見牠把大貓熊玩偶給緊緊抱在懷裡，像是鳳儀媽媽在忙著吃東西沒空理牠時，暖暖就會乖乖在一旁，自己逗弄著大貓熊玩偶，一副自得其樂的模樣。

至於獨自生活在展區另一邊的福娃，則是個沒有什麼脾氣好好先生，每天牠最喜歡做的事，就是靜靜、慢慢的享受著園方為牠準備的美食，看到牠吃起東西來總是嘴角上揚的幸福表情，如果有食物廠商找牠代言，相信一定很有說服力，鐵定能讓商品大熱賣！

暖暖別怕，媽麻會好好保護你

我怕怕！

©Teresa Wang

網路無國界，天天都能與世界各地的可愛貓熊見面

Hello！
歡迎大家來看我們囉！

團團
呆萌樣

© Li Rong Wu

拜網路便利之賜，只要在搜尋欄打上某隻貓熊的名字，就能看到關於牠的各種新聞、影片和照片，但如果你像我一樣，是個重度貓熊控，那這樣可能無法獲得滿足，除了大家比較熟悉的YouTube可以看到不少貓熊影片之外，我也建議直接上優酷或是iPanda網站，這兩個中國大陸網站中都有一個貓熊影音專區，尤其是「iPanda熊貓頻道」，不但有成都大熊貓繁育研究基地與臥龍自然保護區的24小時線上直播，之前還有個精彩畫面剪輯加上逗趣台詞配音的「熊勒個貓」影集，專門治療無聊、寂寞、憂鬱等精神不悅症，看完之後保證身心舒暢、笑口常開喔！

· 熊貓頻道直播網址：
http://live.ipanda.com/

志同道合：

結交了一群愛貓熊、愛圓仔的好朋友

在社會上開始工作之後，我似乎就很難交到知心的朋友，原因是大部分時間都花在打拚事業上，難有心力再去拓展私人社交圈，況且在職場上認識的人，除了工作以外，也不太會有人願意主動分享個人私事，更別說在私底下有密切的互動或聯繫；所以像是我的朋友圈，多半也只有以前讀書時代的那群同窗好友，而且除了少數幾個比較談得來的較常聯絡之外，其他朋友通常也只有在特別的時間才會相約見面，對我而言，友情在這個名利擺第一的年代，可算得上是一種無價的奢侈品。

有人能一起分享
快樂的感覺真好

Hello! 你在看我嗎？
你可以再靠近一點……

© Nicole Huang

以往身邊沒有像我一樣對貓熊熱愛成癡的朋友，所以我每次都是自己一個人去動物園看圓仔，也無法與人分享見到圓仔時的開心雀躍，難免覺得有點寂寞。直到後來有越來越多人開始在網路上分享圓仔一家的各種精采照片和影片，大家習慣在點閱完後紛紛在底下留言，之後甚至變成了會經常透過這樣的管道彼此聊天問候，雖然不曾見過面，但因為志同道合，大家的話題永遠是圍繞在可愛的動物們身上，慢慢就產生了一種熟悉又親近的友誼。

第一次的圓粉大集合，是在動物園幫圓仔慶祝一歲生日的時候，現場除了有記者、遊客之外，我想圓仔的鐵粉們應該幾乎都全數出動了！不少人是從中南部，甚至國外遠道而來，當時一直聽到身旁有不少網友彼此相認的有趣對話，有人甚至直接大聲詢問某某某有沒有來？表示因為經常在網路上看到某某某所拍的精采影片，對他印象深刻，希望能趁著這個機會認識他。

圓仔生日歡慶，圓粉們大集合，現場可說是擠得水洩不通，只為能夠
一直地看看可愛圓仔。©台北市立動物園

　　最令人感動的時刻，就是當大家透過大貓熊館的電視牆，目
睹圓仔慶生的系列活動時，很多圓粉都忍不住熱淚盈眶，大家都
懷著幫自己小孩過第一次生日的心情一樣，既興奮又激動，一直
到慶生大會結束之後，人潮紛紛散去，圓粉們卻依然聚集在大貓
熊館二樓和三樓的地方，狂熱的行徑一點都不輸給一般偶像明星
的粉絲們。還有一次我出門買東西，在半路上突然意外得知圓仔
放展前有場國際媒體記者招待會，當下我再也沒有心思去買東
西，一心只想趕著回家看圓仔的記者會實況轉播。那次的記者招
待會非常盛大，據說現場的採訪記者人數便多達兩百多位，更讓
我興奮的是，以往我們透過新聞或直播影片所看到的圓仔，往往
只有幾個角度和有限的篇幅，但那一次各家媒體站在不同的位
置，所拍攝到的圓仔更是精彩全面，而見到如此大陣仗的圓仔，
竟依舊展現出大將風範，一點都不顯得怯場，仍像往常一樣，開

心地和保育員互動，也不時做出頑皮、耍寶的有趣舉動，就連在場的媒體記者們，個個都被牠逗得忍不住哈哈大笑。

　　我猜想，圓仔說不定是世上擁有最多影片和照片的貓熊，因為台北市立動物園不僅交通便利，門票價格也非常親民，有不少圓粉也像我一樣，為了經常來看圓仔，乾脆直接辦張生活卡，這樣一年內便能夠無限次進出動物園參觀。或許是因為來得次數過於頻繁，曾經就有動物園的工作人員發現，總是會在固定的時間看到我們這些熟面孔，終於有一次忍不住好奇地問我們：「你們是有特別排班來看圓仔嗎？」我起初也會覺得挺尷尬、怪不好意思的，因為在圓仔面前，我總是無法將自己天真幼稚的那一面給隱藏起來，加上因為有網路直播節目，展場中裝有多台攝影機，若是一個不小心，連在外面觀賞的遊客也都會跟著入鏡。曾經就有一次，一個較熟識的網友問我當天是不是有去看圓仔，因為他從網路直播中看到了我，而那時的我正非常忘我的與圓仔深情對望著呢！不過後來我們也就習慣成自然，甚至圓粉間還會開玩笑稱彼此是值日生。

　　每每看到大家在網路上分享的圓仔照片或影片，都那麼的可愛精彩，不但激勵了我開始接觸攝影的動力，也讓我因此而結識不少喜歡拍攝圓仔的同好網友，為了能捕捉到圓仔珍貴的畫面，我常常拿著相機在展場一待就是大半天的時間，通常只要遇到和我一樣的人，從某些舉止和裝扮上，我就能快速判斷出他是不是圓粉，而且很可能我們曾經在網路上聊過天，只是大家都不知道彼此的長相。第一次相識的過程往往都挺含蓄而害羞的，通常會

粉絲拍的圓仔生活照。©吳斯斯

先點頭示好，再簡單的寒暄幾句，即使我們來自於不同的生活背景，有著不小的年齡差距。可是神奇的是，只要一聊到關於圓仔或貓熊的事，同為圓粉的我們話匣子馬上打開，立刻就能從陌生人變老朋友。其中有不少是和我一樣的上班族，或有些人是學生、家庭主婦，我還認識在中南部工作的圓粉，但只要是休假時

仔仔！（大喊中！！！）果然靠近了

威力肥中獎啦！©Nicole Huang

間就會搭火車來台北看圓仔。每個人平時在自己的世界裡扮演著不同的角色，可是只要來到這裡，就能回歸到同樣純真、快樂的模樣，由此可見，圓仔散播歡樂的魔力果真是無遠弗屆。

就像對待自己小孩一樣，我們很喜歡給圓仔取許許多多的暱稱，像是我最愛叫牠「仔仔」，或是有圓粉見牠日漸肥嘟嘟的身材，而稱牠為「肥肥」，若是聽到圓粉說「威力肥今天開獎了！」，就表示有幸運兒和圓仔近距離面對面相視，即使展場中的玻璃隔音設備一流，還貼上厚厚一層的隔熱紙，但我們仍堅信圓仔是看得到我們的，因此當牠走近玻璃與我們面對面時，那種心情可是等同於中了威力彩一樣令人興奮不已。我就有中過威力

呀！

我害羞！

©江貞融

©江貞融

肥的經驗，真把我給樂壞了，那時我正在拍攝圓仔的影片，牠就突如其來朝著我走過來，我激動到拿著攝影機的手，不由自主地顫抖不已，同時和身旁的圓粉們一起瘋狂放聲呼喊著「仔仔～～」，那面在我們和圓仔間造成隔閡的玻璃，也被眾人的雙手蹂躪得竟產生出自然柔焦的效果，事後聽說有很多站在後排的圓粉，原本想要突圍而出，但幾經嘗試，最終都無法攻破前方我們這群一心守護圓仔的銅牆鐵壁陣營。直到現在，只要我再次回顧那天所拍攝的影片時，那不斷晃動的畫面加上激動萬分的呼喊聲，還是能令人感到熱血沸騰。

圓粉們個個身手不凡
臥虎藏龍

　　圓粉當中有不少臥虎藏龍的高手，像是精通拍照的攝影大師，還有神來之筆的文創家，以及擅長影片剪輯、配音的後製能手。即使我沒有辦法每天都親自到動物園去看圓仔，透過他們所分享的攝影作品，也可以在安心工作之餘，一樣能夠隨時得知圓仔又做了什麼事、學到了哪些新把戲。

　　有時在動物園與其他圓粉意外相遇，關館之後，大家就會相約一起去吃個飯，暢談今天見到圓仔的所作所為，除此之外，有些人會把自己拍攝到最喜歡的圓仔或是團團、圓圓照片，製作成各式各樣的貓熊小物，例如徽章、磁鐵、便條紙、眼鏡布、開罐器等等，做為圓粉間互相贈送的小禮物。每次收到這樣的意外驚喜都會讓我覺得好窩心，也更加珍惜這種得來不易的緣分。當然大部分時間我們這群圓粉都是很和樂的，不過偶爾也有意見不合的時候，例如當初動物園決定將圓仔和圓圓分開的時候，有的圓粉因

圓滾滾的木頭好好抱！

©江貞融

為很心疼圓仔而難以接受，有的人則相信動物園會有專業的判斷能力，知道怎麼做對牠們母女倆才是最好的選擇，還有圓仔剛放展的時候，因為活潑調皮的好動個性，加上跟保育員的感情很好，因此牠經常會跟著保育員走來走去，每次保育員抱牠到展場，牠就想辦法要溜回內場，當時就有很多人認為圓仔很累、不想上班，應該讓牠休息等等的聯想。只能說大家真的都把圓仔當成了自己的心頭肉般疼惜。就像有些父母會以比較理性的方式來管教子女，有些則是偏向於溺愛的

啃啃啃，咬牙切齒地啃！

© Nora Wang

方式，無論如何，大家給圓仔的愛都一樣是無私而溫暖的，透過這些不同意見的討論，也讓我了解到以不一樣的角度和思維來看事情，就會產生觀感上的各自差異性，這不也是一種很棒的經驗學習機會嗎？

秉持著愛屋及烏的心態，圓粉的足跡幾乎踏遍了世界各地有貓熊的所在地，與其說是大家會趁著出國度假的機會到各地的貓熊住所去看看其他的知名大貓熊，倒不如說只要是貓熊迷，出國旅遊的目的就是為了與更多貓熊見上一面，這也是我愛上圓仔後，最終極的人生夢想。在一步步朝著夢想前進的同時，真的很感謝網友所分享的這些珍貴遊記，大家經常會彼此交流貓熊之旅的作戰攻略，從最基本的食宿交通，到絕不能錯過的行程規劃，還有哪些順遊的景點與必嚐美食，以及在哪裡可以蒐集到各式各樣令人大開眼界的貓熊周邊商品……等等，有了這些老鳥們的經

驗分享，讓我們在規劃貓熊之旅的功課時，真是簡單輕鬆多了。

　　記得我第一次造訪成都大熊貓繁育研究基地時，是拉著我的一位多年好友一同前往，難得的出國旅遊，不是走訪當地各處知名景點，而是要天天到貓熊基地報到！對於並非是貓熊迷的人來說，或許感到難以理解吧！出發前我不斷催眠她，只要與貓熊有過接觸，就一定會深深被他們所吸引，也真的多虧了她的情義相挺，那次的旅程確實非常愉快，只不過一路上，我還是難免會為自己的任性而感到心理負擔。

　　2015年的11月，巴斯奶奶舉行35歲大壽的慶生派對，以人類

巴斯奶奶已經35歲依舊吃得下睡得好。 ©周咪咪

巴斯奶奶的雕像。 ©周咪咪

雷雷奶奶

雷雷奶奶是圓仔的外婆，白天會待在大樹的洞穴中（如圖），牠端莊優雅的氣質完全傳給了圓圓，至於圓仔則有了團團的加持而變得活潑調皮又搗蛋！©周咪咪。

的年紀來說牠已經上百歲了，因此這麼難得的慶生大典，說什麼我都不願意錯過，尤其巴斯奶奶在我的心目中，可是有著女王等級的地位，正好聽說有幾位在台北市立動物園裡認識的圓粉，也打算去參加，於是我們四個女生決定結伴同行。不過當初在做這個決定前，我的內心不免有過一番掙扎，一方面是因為工作關係，手邊不巧有個案子要趕在年底前完成，再加上我又是個個性很龜毛的人，從來沒有和並非認識多年的朋友一同出國的經驗，所以很擔心在生活習慣方面會不會難以適應，萬一因此而產生摩擦或尷尬的情況該怎麼辦？讓我的心中頓時浮現出不少疑慮，所幸想去看巴斯奶奶的堅定信念，最終戰勝了一切，而當初毅然而然的決定，也證明了一點都沒錯，因為大家都是超級貓熊迷，所以根本不用擔心行程安排的問題，每天早上只要一睜眼，二話不說就是到福州熊貓世界站崗，除了幫巴斯奶奶慶生之外，也見到了圓圓的媽媽，知名的斷掌貓熊——雷雷，以及研究中心裡其他的六、七隻貓熊。三天兩夜的行程中，只有預留下小半天的時間在福州市區走馬看花，那次的貓熊之旅，讓我就像回到了女高中生的青春時光一樣，留下許多開心自在的回憶。

©吳斯斯

©陳瀅珠

暫時停止呼吸⋯⋯

殭絲肥！

©周咪咪

功夫圓仔
來跳舞囉！

厚嘿！
我可是玉嬌肥啊！

©周咪咪

©周咪咪

圓仔的**功夫熊貓** 趴吐！宮廷戲來囉！

©江貞融

©江貞融

腿不在長，能勾則行！
是誰說圓仔的腿不長？

練腹肌：跟著仔仔老師動一動，
一起來one more two more一下喔～

©吳怡慧

©Nora Wang

小心！刀劍無情趴萬！
咦？怎麼好像在划船哩XD！

小心！刀劍無情趴兔！
咦？怎麼好像在釣魚勒XD！

© Elaine Chen

© Elaine Chen

圓仔的**功夫熊貓**趴水！來玩茄苳樹！

詠春肥閒駕到囉！

阿屬說得對，
身體長福氣才長哩！

哼！小小茄苳樹
怎能困住我肥閒！

看我肥閒如何突破盲腸
樹林，再往上爬爬爬！

©吳斯斯

©吳斯斯

圓仔 生日趴

小圓仔來抓周囉！

老師　電影明星　理財專員　健將運動　醫生　空服員　工程師　畫家

石虎

©台北市立動物園

圓仔一歲囉！

圓仔兩歲囉!!~

©台北市立動物園

©台北市立動物園

動物園舉辦『圓仔生日粉絲見面會』，幫圓仔提前慶祝三歲的生日喔～

©周咪咪

圓仔三歲生日當天保育員又特製了一個西瓜蛋糕（就是冰）幫她慶生，圓仔好開心 ©Nicole huang

團圓仔 生日趴

團圓11歲囉！

圓圓

©Jia Sui Ni

團團

萌

©彭奕玟

© 林幸樺

© Stephy Hsu

走吧！到木柵動物園去…

從所有動物好可愛
到立志成為攝影師

如果不是因為圓仔，我想這輩子除了小學生遠足踏青，
恐怕再也不會有機會來到動物園了吧！又有哪個認識我
的好友會想像得到，動物園現在簡直就像是我家的後花
園一樣，幾乎每個禮拜都能在那裡看到我的身影，但我
實在不得不說，台北市立動物園真的是一個不只適合小
朋友，連大朋友也應該經常來走走逛逛的好地方呢！不
僅如此，我還特別為了圓仔學習各項攝影技巧呢！

想看到圓仔活潑好動的
模樣，得算準良辰吉時

好開心，終於看見了。這裡是大貓熊館入口！©周咪咪

　　身為圓仔的鐵粉一定都知道，圓仔也有固定的上班日和作習時間，所以來動物園得要選對「良辰吉時」，才能看得到好動活潑的圓仔。

這是室內 A、B 展場，總是人潮洶湧。©周咪咪

這是戶外展場，中秋節過後，只要戶外氣溫低於26度，「團圓仔」一家三口會輪流在此與大家相見。©周咪咪

圓粉們常會開玩笑說，圓仔也受到勞基法保護，享有一周休假兩天的權利，星期一和星期二是牠的休假日，這兩天由爸爸團團和媽媽圓圓值班，不過每個月的第一個星期一是大貓熊館的休館日，不對外開放參觀。由於大貓熊館內共分為：室內A展場、室內B展場和戶外展場三個展區，所以圓仔在星期三、星期四會待在室內A展場，星期五至星期日則是在室內B展場與戶外展場中放風，除此之外，貓熊並不是時時刻刻都電力十足、活蹦亂跳的，牠們一天中幾乎有一半的時間都在睡覺，而醒著的時候通常就是為了吃東西，所以多半餵食時間一到，圓仔才會進入「功夫熊貓」模式，常常可以看到牠以「殺球之姿」空中打食的精彩表演。至於其他時段，除非是碰到圓仔玩性大起，否則可能就只能見到牠進入「待機模式」中的「度估」樣子了，因此千萬別錯過了動物園的固定餵食時段：每天早上九點和十一點，下午一點半和三點半。

身上披著厚重皮毛的貓熊，最喜歡涼爽的氣溫，當天氣溫度較低時，圓仔就很喜歡待在戶外展場中，一會兒在小山坡上打滾，一下子又爬上樹枝來個倒掛金鉤，一副「嗨」到不行的模樣。有一次，有圓粉親眼目擊和拍攝到牠從戶外展場的竹林裡，挖出野筍的珍貴鏡頭，看來圓仔野外求生的技能越來越高強了！我們笑說也許牠可以靠著打野食養活自己，倒是幫動物園節省不少伙食費呢！

每隻動物都好療癒、好可愛

美美　可可　奇奇　妙妙

美可家族與ㄚㄚ家族，寶貝們見客囉！©Jia Sui Ni

老實說，台北市立動物園的區域範圍真的是幅員遼闊，我雖然來了不下上百次，但卻連一次都沒有完全走透透。不過，大部分的圓粉來到動物園經常一待就是一整天，趁著圓仔睡覺時，大家也會相揪去看其他的動物，因此除了排名第一的圓仔之外，每個人心中也有各自第二名、第三名⋯⋯的寵愛動物名單。

　　或許是貓熊迷的關係，圓粉中有不少對於「熊字輩」的動物，都會特別關注與感興趣，像是與大貓熊只有一字之差，卻長得比較像浣熊的小貓熊，就同樣深受許多圓粉的喜愛，牠們也是屬於一級瀕臨絕種的野生動物，在2015年一口氣就誕生了四隻小貓熊寶寶，「美可家族」的兩隻寶寶叫做「可可、美美」，「ㄚㄚ家族」的寶寶則是「奇奇、妙妙」，看來圓仔爭取萌主寶座的強勁敵手，又一下增加了好幾位呢！

　　與大貓熊館為鄰的無尾熊館，目前所居住的無尾熊家族已是三代同堂，算是動物園中最長青的動物明星，也是多數遊客來園指定必看的動物之一，只要趁著圓仔熟睡的空檔時間，也有很多圓粉經常會晃到那裡去瞧瞧牠們。

　　在我心目中僅次於圓仔，排名位居第二的，應該是在2014年底出生的河馬——小雨，其實牠的全名叫做「娜竹忠雨」，念起來很像「那隻終於⋯⋯」，由於諧音聽起來很有趣，大家就常常喜歡用牠的名字來玩造句遊戲。會有這麼特別的名字是因為牠的媽媽就

河馬麻與小小河馬那竹忠雨。
©Maiya Wei

慵懶的滷肉雨，天涼好好睡！© Maiya Wei

叫「娜竹忠」，而牠既是在雨中誕生，又和媽媽暫時棲身於亞洲熱帶雨林區，所以就以此為名，不過大家後來比較習慣叫牠小雨，也有人因為覺得牠很像一塊滷肉，所以也會笑稱牠是「滷肉雨」。不光是牠的名字特別，小雨的個性也很與眾不同，剛出生不久的牠還不及媽媽的一顆頭那麼大，不過牠總是喜歡黏TT地緊跟在媽媽身邊，而且身手相當敏捷俐落，讓動物保育員總是沒有辦法為牠進行健康檢查，為了抓準牠離開媽媽的時機點，還要跟牠鬥智、比速度，實在讓眾人傷透了腦筋。直到牠兩個月大的時候，保育員好不容易逮著了一次難能可貴的機會，成功將小雨和媽媽給暫時分開，但那時的小雨已然像個小坦克般威力驚人，光是為了要幫牠量個體重，就得動員十人小組，費盡千辛萬苦才將牠給扛到磅秤上，想不到長大後的小雨，依然還是媽媽的跟屁蟲，有時牠吃東西太過專心，一抬頭發現媽媽竟然自顧自地離開了牠的身邊，還會非常生氣的大叫抗議，任性的脾氣和圓仔真是有得比！

　　動物園中也收容了不少來自野外的傷殘動物，像是穿山甲阿穿、石虎集寶，還有三隻從金門救援而來的水獺三兄妹。這些動物們不但備受外界的關注，也不時提醒大家對於野生動物保育的重視，特別是這三隻水獺，兩個哥哥分別叫做大金、小金，妹妹

叫做金莎。牠們初來乍到時，還是連眼睛都沒有張開的小幼幼，由於牠們的原棲地遭到了破壞，媽媽也不知去向，年紀幼小的牠們一點自我生存和防禦能力都沒有，所以只能送到動物園以人工哺育方式來照顧牠們，如今一隻比一隻活力十足，遠遠看還認不出誰是大小金，誰是金莎，水獺三兄妹的感情非常好，經常會一塊捕魚、嬉戲，累了就全部擠進樹洞中睡大頭覺，天真無邪的模樣讓牠們也擁有一票為數不少的粉絲。

大金

小金

金莎

好感情的水獺三兄妹，可愛模樣真逗趣！© Teresa Wang

為了圓仔，
立志成為專業攝影師

　　圓仔不只改變了我對事情的看法、為人處事的態度，也讓我的生活產生很大的變化，像是一下子交到很多朋友，甚至還讓我學會攝影。說來好笑，我以前可是個連焦距都對不準的人呢！

　　一開始我只是用手機來拍照，可是因為圓仔是個靈活的小胖妞，要捕捉到牠的身影可不簡單，讓我每次拍出來的照片都模糊不清，害我MISS掉許多圓仔驚人之舉的珍貴畫面，每次看到其他圓粉所PO的圓仔照片都那麼精彩可愛時，就有種「虧我還號稱是圓仔的頭號粉絲，竟然連一張牠像樣的照片都拿不出手」的羞愧感。於是在我對相機的種類與拍照技巧根本一無所知時，心裏只想著需要可以遠距離的拍攝，可能必須要購買如拍攝鳥類的那種專業級高倍數鏡頭。於是我到店裡時直接跟店員說，我要買相機的目的是為了拍圓仔，想不到店員竟然真的拿出一款號稱「圓仔機」的照相機，據說是因為許多圓粉都會選擇用它來拍攝圓仔，就買了人生中第一台的類單眼相機，而且自信心爆棚的我，連使用說明書都不屑一看，想說這種電子玩具摸兩下應該就能上手了。新機入手的第二天，便帶著它到動物園拍下我首支糟糕到爆炸的影片。

彪哥：仔仔，我們回家好不好！！　　　圓仔：不要不要～

一買新相機就遇到精采的收貓大對決。©周咪咪

　　那天正好遇上保育員VS.圓仔的收貓大對決，彼此互動的過程非常有趣，但礙於掌鏡者的功力實在糟透了，不僅畫面一直搖晃不定，鏡頭中的兩位主角也彷彿被打上了馬賽克，模糊不清的模樣，恐怕難以通過臉部辨識系統掃描成功，當時我還一直深感疑惑，我的相機不是明明有自動對焦功能嗎？但為何我拍出的每張照片都仍然是模糊不清的，原來問題就在於我連最基本的快門按法都不會。正確方式應該是先輕按住快門，讓鏡頭能自動對焦，等到顯示拍攝畫面清楚後，才能將快門按至底。而我總是不管三七二十一，拿起相機說拍就拍，可想而知，這樣能拍到一張清楚的照片和中樂透的機率應該差不多了！現在想起來，那時我居然竟敢厚著臉皮將這支影片上傳到YouTube！而且還一度想不通，我拍的照片怎麼就是不如別人生動有趣。但後來就是靠著這樣不斷從荒謬的錯誤中，所摸索學習到的經驗累積，慢慢從對焦、取景、避免反光、提升畫質亮度等等，一點一滴逐漸提升拍照的技巧，也體會到做任何事情都需要投入時間與心力，才可能獲得進步和成功。

　　不意外的，這台沒有認真做功課就亂買的相機，果然很快就不敷使用了。由於大貓熊館的人潮總是很多，為了讓大家都有機會欣賞到可愛的貓熊，動物園精心設計了一條便於遊客觀賞的動

線，為了不影響其他參觀者，我們就要非常有技術的找尋不會擋
住其他人，又能好好觀賞圓仔的秘密基地，因此需要一台光圈夠
大且快門速度又快的相機。於是我開始思考要買微單眼相機，到
相機店去詢問了一下，二話不說當場就買了我的第二台相機，順
便還多帶了一顆鏡頭和腳架，想不到竟然又犯下第二次錯事。

　　原來我最大的敗筆，就是總愛挑重要時刻來換相機。會買第
二台相機，是因為我要到成都大熊貓繁育研究基地，我想這麼難
得的機會，當然要購買好一點的配備，可是我卻忘了配備雖好，
也得要「術業有專攻！」我跟這台相機一點也不熟，根本摸不清
有哪些功能，直到前一晚才在飯店裡臨陣磨槍，學習怎麼使用這
些裝備。結果光是架個腳架就把我給打敗了，明明把三支腳架拉
出來固定好，如此再簡單不過的事，卻不論怎麼嘗試就是架不
直。這也讓我明白了一個大道理，很多時候問題就出在於我們都
把事情想得太簡單，沒有做足準備就上場，難怪會遭遇到各種困
難。所以現在我只要看到一張構圖精彩的照片就會抱著崇拜的眼

這張是我辦公室的照片，滿滿的圓仔訴說著我對牠不變的熱愛！從最左邊的圓仔海報，中間的圓仔磁鐵或小圖貼，電腦旁的圓仔隨身貼，到各種圓仔周邊商品與仔仔保溫瓶等等，這些陪伴著我度過好多好多的日子。只要有圓仔就不怕任何挑戰與煩惱。謝謝妳，圓仔！ ©周咪咪

光，因為要拍出一張堪稱完美的照片其實是相當不容易的，除了需要有足夠的準備與練習，還得要有一點天份。

我後來開始認真學習與磨練攝影技巧，一有機會便向專業人士請教有何訣竅，也透過很多管道去玩鏡頭，有時是跟朋友借，偶爾會花錢租專業的鏡頭，只為了找到最適合拍圓仔的裝備。不過在意料之外，又敗了第三台相機，只因為當時有個朋友將他的相機借給我，只不過拿在手上握了一下，眼淚差點噴出來！我的第二台相機，雖然小而輕巧，但因為缺少符合人體工學設計的握把，在長時間保持同一個姿勢的狀態下拿著它，還是挺累的，加上沒有觀景窗這個大缺點，遇到陽光很強烈的時候，就會很容易看不清楚所要拍攝的目標，所以當我一拿到朋友的那台相機時，極佳的握感立刻讓我決定要擁有它！也因為這樣，我又再多買了一顆鏡頭，所以目前我擁有兩台相機、五顆鏡頭，全都是為了我的寶貝貓熊。

走吧，四川成都貓熊之旅…

探訪
貓熊大本營

我最大的心願，就是希望能夠環遊世界認識更多的貓熊，為了完成這個願望，只要時間允許，每年我都要安排至少一趟的貓熊之旅！一來可以去世界各地看看每一隻我所認識的貓熊，了解一下牠們居住在世界各地的生活環境有何不同，對我來說，這也是一種最棒的休息調適方式。

終於來到令我魂牽夢縈的「大貓熊故鄉」

外觀有貓熊模樣的「成都大熊貓繁育研究基地」超級卡哇伊！©周咪咪

一進門就看見超時髦的大貓熊造型寶貝！ ©周咪咪

　　相信只要是大貓熊迷，一定都會想要到「成都大熊貓繁育研究基地」去朝聖，因為成都是世界上最靠近大貓熊核心棲息地的都會城市，從成都市中心到大貓熊棲息地只有十多公里的距離，這裡也是全球唯一圈養大貓熊和野生大貓熊共存的地方，所以身為大貓熊迷，此生怎可能會有不到此一遊的道理？可想而知，我的第一趟大貓熊之旅，自然就是造訪成都大熊貓繁育研究基地。

　　大貓熊的發情季節約是在每年的二、三月，懷孕期約180天，所以大貓熊寶寶的誕生潮是在每年的六月至九月時分，這可是非常重要的資訊，因為如果想要去看大貓熊寶寶的話，就得要選對時機點，像是九月、十月前往成都大熊貓基地的幸運兒，就能在太陽產房和月亮產房中看到許許多多的小小幼仔。而我是在十一月份前往，在台灣算是微涼的季節，但是那裡因為處於較高海拔的地理位置，因此氣溫已經變得非常冷，即使穿了很保暖的羽絨外套，還是感覺冷到不行，不過當我一看到可愛的滾滾（大貓熊的暱稱）們，就立刻興奮得熱血賁張，馬上就忘了寒冷。

能近距離接觸到大貓熊，是我夢寐已久的願望啊！◎周咪咪

成都大熊貓繁育研究基地占地面積很寬廣，可以參觀的景點也非常多，所以沒有花上三、五個小時是絕對逛不完的。我個人覺得，來到成都熊貓基地，有幾個絕對不能錯過的行程，一個是參觀太陽、月亮產房，二是大貓熊餵食秀，而最特別莫過於參加抱大貓熊的活動，為了避免大貓熊感染上疾病，除了需要穿上防護衣之外，也有人數上的限制，每天只有開放四十個名額，所以想要抱大貓熊的人，一定要在當天早上十點的活動開始前，前往活動地點報名參加。（成都大熊貓基地因為怕貓熊感染疾病，故已暫停此一項目至今。）

我因為之前就做好了功課，所以在一大早開園時就已和朋友到達了大熊貓基地，才到了大門口，真的一點也不誇張，我激動到幾乎要跪了下來，朋友說我的表現簡直就和宗教狂熱份子到了朝聖地一樣。第一站當然是直奔可以抱大貓熊的月亮產房，那天參加活動的外國遊

客不算少，我和朋友很幸運的能夠如願以償，抱到了一隻名叫茜茜的貓熊，曾經不知道幻想過多少次，一身毛茸茸的大貓熊，摸起來是什麼樣的觸感？聞起來是什麼樣的味道？原來即使是年幼的大貓熊寶寶，身上的毛也是有些粗粗硬硬的，但是非常的乾淨，而且還飄散著一股水果和蜂蜜的香氣，非常好聞，超級溫順乖巧的牠坐在我懷裡，一副愛撒嬌的模樣，讓我想就這樣將牠抱回家，再也不要鬆開手！在抱大貓熊的過程中，還發生了一件超糗的小插曲，那就是朋友在抱大貓熊時，我在一旁幫她拍照留念，正得意自己眼明手快，幫朋友一口氣連拍了好幾張非常有紀念價值的貓熊合照，結果她看到照片時臉都綠了，因為過於興奮的我，雙手一直抖到不行，所以拍出來的每張照片都是模糊不清……這麼重要的一刻豈能被我給搞砸了，於是她毫不猶豫，立刻請別人再幫她拍一次，事後想想，幸好她當時有檢查了一下照片，否則若是回去後才發現，肯定要怨恨死我了！活動結束後，

很開心拍到夢夢。沒想到大嬌（乳母）在吃東西，夢夢（右）只能眼巴巴地看著牠。©周咪咪

和朋友順道在月亮產房逛逛，看到幾隻今年剛出生的滾滾們，牠們齊聚一堂趴在地上睡著的模樣，真是超級可愛的。

　　工作人員告訴我們，中午在幼年園區，有著名的「七小餵食秀」，想近距離觀賞的人，一定要提前去佔個好位置。所謂的「七小」，是2012年在成都大熊貓基地所出生的大貓熊寶寶明星們，包括奧莉奧、園潤、小喬、思一、淼淼、成雙、成對，牠們的粉絲人數驚人，所以有著大熊貓基地「吸粉神器」的封稱。觀賞區正好是在一處斜坡上，因此遊客可以居高臨下從上往下看到大貓熊在園區裡的活動。我和朋友大約是11點45分到達幼年園區，七小們都在休息，但是一到12點鐘，隨著保育員用著四川口音聲聲呼喊著：「果來、果來、果來」，七小們立刻像裝上了電池一樣，變得活力充沛，動作靈敏衝往食物所在地，頓時現場遊客也突然爆增，我特別在七小中尋找奧莉奧的身影，牠是我耳聞已久且最為熟知的貓熊之一，傳說中小時候的牠可是個小霸王，但現在長大之後，牠的霸氣不再，反而成了一隻優雅熊，我就看到好幾次其他大貓熊硬生生將牠手中的食物給搶走，不過牠倒是老神在在、一副滿不在乎的樣子，真不愧是「熊大十八變」啊！

在成都大熊貓繁育研究基地裡，每天都會介紹月亮產房展出的貓熊，今日住客是茜茜和大嬌噢！©周咪咪

這幾張是從我拍攝的影片所節錄。話說七小各自活動直到保育員衝著牠們聲聲呼喊「果來、果來、果來……」，七小陸續向前坐好，開始吃窩窩頭。如欲觀賞影片請參考如下網址https://www.youtube.com/watch?v=_zRN1FpsIJY
◎周咪咪

走訪成都大熊貓基地懶人包

　　若是來成都旅遊的人，十分推薦大家一定要來成都大熊貓繁育研究基地參觀，除了可愛的大貓熊，療癒效果百分百之外，這裡清幽、舒適的環境，不論是不是貓熊迷，來到這裡都會感覺很放鬆、舒服。而身為貓熊迷，誠心建議最少要安排兩天的時間來造訪，如此一來，第一天可以先做大範圍景點的參觀，第二天則安排深度或重點遊覽行程，這樣才不會因錯失了某個景點而徒留遺憾。

　　有經驗的人都知道，參觀這一類的旅遊勝地，得要盡量避開假日，才不會只見萬頭攢動而不見貓熊身影，另外，也要記得「早起的人兒有熊看」的道理。成都大熊貓基地的開放時間為早上七點半至下午六點，上午是參觀黃金時段，盡量早點到才能看到剛起床時充滿活力的貓熊。若是從成都市區搭乘計程車，車程時間大約是半小時至四十分鐘左右，另外也可搭乘景區直通車或是公車，費用會比計程車便宜，但在交通時間上相對較久些，大家可以自行拿捏，安排最適合自己的行程方式。

　　除了購買入園門票之外，也建議在遊客中心加購一張遊園車

基地裡，熊貓銅雕是拍照的人氣景點。©周咪咪

票，因為園區非常大，有很多山坡與岔路，怕迷路或是腳力不佳的人，最好是乘坐遊園車來代步，要提醒大家的是，車票千萬不要丟掉，因為一整天都可以搭乘遊園車到各個參觀景點，是想要整個園區走透透最為省時省力的旅遊方式了。

出門旅遊不外乎兩大要事，那就是吃東西和買東西，基地裡面有好幾間餐廳可任君選擇，不過既然是觀光景點，可想而知價位肯定不親民，若是想品嘗口味道地的佳餚，也可能會有些許失望，大家要有心理準備，或是自備餐點去那裡野餐也很不錯。至於想要買貓熊紀念品的人，可以到熊貓郵局參觀一下，在熊貓基地和成都市中心都各有一間熊貓郵局，不過成都市中心的熊貓郵局比較像是個咖啡廳，有各式各樣貓熊造型的伴手禮，非常值得去逛逛。我覺得台北市立動物園和成都市中心的熊貓郵局，相關商店種類都比大熊貓基地裡來得多，但是兩家熊貓郵局的郵票與明信片種類有些不同，既然走過就不要錯過，可以在旅遊時從外地寄張明信片給自己，也能成為一種很棒的旅遊回憶。

成都大熊貓基地內推薦必遊景點

太陽產房及月亮產房

很多初出生的貓熊都在此一一亮相。
太陽產房和月亮產房顧名思義，房子像月亮的就叫做月亮產房，房子像太陽的就叫做太陽產房。裡面有很多「滾滾」誕生在此，每天都好不熱鬧。等牠們大一點就會移去幼年別墅區。
（目前官方資料顯示月亮產房暫不接客）。

幼年大貓熊別墅

這裡大約是兩歲以內的大貓熊，天氣如果超過26度，牠們就會回到房裡吹冷氣。當時看見的「七小餵食秀」就是在這裡。這裡是最火熱的地區，因為可愛調皮的滾滾們都在此居住。

成年大貓熊別墅

一些成年的貓熊會住在這個別墅區內。因為大貓熊獨居的個性，所以每隻大貓熊都有很大的別墅區，可說是一貓熊一天下。

亞成年大貓熊別墅

亞成年是一群半大不小、活潑好動的大貓熊住的地方。而且亞成年的貓熊通常是幾隻一起玩耍，不像成年大貓熊是獨居為主。

竹韵餐廳

成都大熊貓繁育研究基地中餐廳坐落於美麗的天鵝湖畔東南側，占地面積近900平方米，擁有上下兩層樓大小包間7間，可同時容納300餘人就餐，是成都市唯一一家竹文化特色餐廳。

熊貓郵局

這裡有大貓熊紀念章（見活動花絮：成都基地戰利品篇），還有大貓熊造型的投遞郵筒（見活動花絮：成都基地戰利品篇），古色古香的模樣真討人喜歡。

成都的熊貓郵局側面。真
是宜古宜今！©周咪咪

成都熊貓郵局，是全球
唯一以貓熊元素為主題
的連鎖郵局旗艦店。©
周咪咪

超可愛的大貓熊磁鐵。©周咪咪

這是大貓熊明信片，旅遊看見這些最開心！©周咪咪

熊貓郵局的戰利品

咦？這些是甚麼？
原來是好玩的郵戳印章。

郵戳印章要做啥用的呢？
原來是蓋印後要放進郵筒裡啊！

這大大張的好可愛！啊！
是大貓熊的祝福與愛——珍貴郵票！
好好收藏囉！

　　　　典雅別緻的明信片

太神奇了！一趟旅遊回來，
居然有各式各樣的大貓熊圖案！忍不住激動爆淚！！
（現已拆封使用中）

T恤

熊貓帽子

頸枕與眼罩

製冰盒

浴簾

小毛巾

筷子與筷架

109

二代圓仔公仔

一代圓仔公仔

二代圓仔公仔背面

三代圓仔公仔

四代圓仔公仔

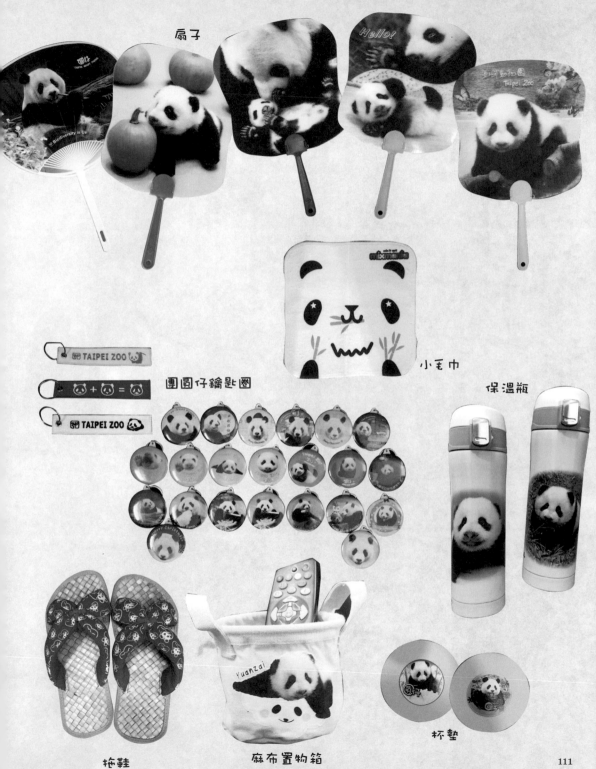

扇子

小毛巾

TAIPEI ZOO

🐼＋🐼＝🐼

TAIPEI ZOO

團圓仔鑰匙圈

保溫瓶

Yuanzai

杯墊

拖鞋

麻布置物箱

來自世界各地的貓熊戰利品

貓熊餅乾（香港）

餅乾盒（香港）

被子與抱枕

拖鞋（H&M）

日本貓熊小物

熊貓湯碗組（日本）

華美奶奶公仔（美國）

車貼（美國華盛頓）

護手霜
（韓國）

壁貼（韓國）

滑鼠靠墊

113

培養一顆愛動物的心

愛護小動物，
更要尊重牠們

人類原本應該是動物們的保護者，卻因為缺乏動保觀念和保育意識，衍生出這麼多流浪動物、生態浩劫的問題，若是每個人都能從自身做起，即使看似微不足道的小小力量。被一個個串聯起來，其實就能變成巨大的影響力，相信我們每個人都有能力，幫助周遭的動物們，一起快快樂樂、無憂無慮的在這個友善、有愛的環境中繼續存活下去。

第一次的動物救援經驗

哈囉！
我是二郎！

©周咪咪

因為認識了圓仔，我也多次動了想要養動物的念頭，但因為家裡父母年紀大了，和他們同住的我，必須要尊重他們的感受，加上自己平常工作總是十分忙碌，我很清楚一旦養了動物，就需要擠出時間來照顧、陪伴牠，而且會成為我一輩子的責任，在沒有做好準備之前，我不應該因為一時衝動而草率做出決定。回歸到自己很可能不會有小孩的這個遺憾，或許是老天爺需要我去做更多大愛的事情，就像我如果早就有了自己的家庭，很可能就不會關心圓仔，也無暇顧及需要幫助的動物並對牠們施以援手，但是現在的我卻有能力去幫助更多的動物們。

我的住家後面是一塊公園預定地，目前有一些鐵皮屋建築，每次回家時經過這裡，都要穿過幾個小巷弄，有一次開車經過時，似乎看到一隻小貓還是小狗從巷弄內衝出來，因為擔心會撞到牠，於是緊急剎車，同時趕緊下車察看一番，所幸不見有任何蹤影。自從那次事件之後，每次回家時我都會刻意到那附近多繞個幾圈，看

我在等主人來，
但是主人都沒有來……

看有沒有流浪貓、狗逗留，也確實發現了幾隻似乎有人照顧的流浪狗，牠們看起來並不怕人，從結實的體型上不難判斷，應該是有固定的餵養人，而且牠們看起來在這裡居住得自在愉快，應該不需要我的插手介入。

剛開始救援時……©周咪咪

直到有一次，我經過一處在這裡經營有好一段時間的洗車場時，發現他們似乎已經搬遷離開，不過卻有一隻很可愛的柴犬還在空地上逗留，正巧隔壁鄰居經過，我向他詢問為何洗車場搬遷，卻留下狗狗在這裡。當時鄰居表示，他們應該會回來帶走牠，這番話讓我放心不少。又過了幾天，我準備要去動物園看圓仔時，決定先順便繞過去再次確認一下，想不到那隻柴犬居然還是待在那裡，雖然有個小房間可以為牠遮風避雨，但裡面的環境相當髒亂不堪，只放了一碗飼料和水在牠的旁邊，周圍則全是垃圾和一些廢棄物。我試著呼喚那隻柴犬，但牠並沒有太大的回應，於是我決定看完圓仔回來後再來探望牠，但到了晚上再來時，那隻柴犬卻不見蹤影，由於那個地區到了晚上既荒涼又黑暗，我也不敢久留，只好第二天早上再來找牠。想不到早上來時，牠果然還是待在那裏，已經經過了好幾天，柴犬的主人怎麼還沒來接牠，實在有些匪夷所思，於是我試著跟牠說說話，牠也願意靠近我，但因為當天我還要趕去公司開會，於是我先拍了照

片，將這個訊息PO上網，也打電話向我認識的一位有經驗的愛心媽媽求助。結果PO文之後，相繼被許多熱心網友轉發，有個柴犬家族也知道了這個消息，於是有不少人開始私訊我，熱切詢問牠目前的情況，向我所詢問的網友正巧就住在附近，決定先過去現場看看實際情況，同時她向附近鄰居打聽，輾轉查到了原本經營那間洗車場之負責人的聯絡電話，想了解柴犬被留在那裡的原因。結果柴犬的主人只告訴她，不打算繼續養那隻柴犬了，若是有人想要養，就直接帶走牠好了，於是愛心媽媽決定幫柴犬套上繩子要帶走牠，當時我人在公司，知道有人願意將牠帶離那個糟糕的環境，讓我終於可以放下心中的一塊大石，但是經過半個小時左右的時間，愛心媽媽再度打來，說她試過許多方式，但那隻柴犬就是不願意離開，於是我決定跟公司請假，回去幫愛心媽媽一起想辦法把柴犬給帶走。

看到柴犬時，我輕輕摸著牠的頭對牠說：「柴柴，跟我們走，不要留在這裡了，你的主人不會再回來了。」過了好一會兒，牠終於願意跟著我們，緩緩走出那棟小屋子，於是我把牠抱上了我的車，但是離開時，牠一直在車上不停發出嗚咽聲，就像是在哭泣一般。我和愛心媽媽將柴犬先帶去動物醫院做檢查，以便了解牠的身體健康狀況，也能確認牠身上是否有打晶片，可惜的是牠並沒有晶片；但值得高興的是，牠除了有些輕微的皮膚病和跳蚤之外，健康狀況算是滿良好的。於是檢查過後，我們帶牠去寵物店洗澡，過程中仍一直接到許多網友的關心，有一位住在南部的網友表示有意願收養牠，當時我天真的認為，只要有人願意養牠就太好了！但愛心媽媽提醒我，應該先多了解一下對方的

背景，例如是否曾經有過養狗的經驗、工作狀態和住家環境，畢竟南部距離台北有點遠，如果他是一時衝動，草率做出的決定，日後若又因為某些原因而無法照顧的話，會不會又造成再一次的棄養問題？

　　聽了愛心媽媽的建議後，我也同意不該輕易就做出決定，但一方面我又很擔心現階段要如何安置這隻柴犬，正在傷腦筋是不是該把牠先寄養在寵物旅館中，愛心媽媽告訴我，願意先將柴犬帶回家，和牠多做些互動，也讓牠能習慣於不同的環境。很可能之前這隻柴犬並沒有受過管教，又或許是因為家裡還有另外兩隻狗，讓那隻柴犬為了想佔地盤的緣故，一到了愛心媽媽家後就隨處亂尿尿，但令我感動的是，愛心媽媽一點也不介意，她知道需要一段時間來教導牠和讓彼此相互適應，於是那天我在愛心媽媽家陪著柴犬待到很晚，直到牠沉沉睡去後才離開。

　　因為忙碌了一整天，回到家後我累得倒頭就睡，到了第二天才看到朋友的先生在我的臉書上留言，說願意領養那隻柴犬。由於是多年熟識的老友，知道他是個很有責任感的人，也有豐富的養狗經驗，於是我跟愛心媽媽打了聲招呼，就帶著他過去。見到柴犬的第一眼，我朋友的先生更堅定了要養牠的決心，看到那隻柴犬找到了好歸宿，我激動的掉下眼淚，一方面是為牠感到開心，因為看到牠被曾經很信任的主人給遺棄的模樣，真的讓我感覺好心疼，不禁想起曾經失戀時那種痛苦的感覺，也像牠一樣一直抱著一絲希望，等待對方有回心轉意的一天，所以我很能理解這隻柴犬的感受，但同時我又好捨不得牠。我朋友的先生見到我

如此難過不已的樣子很是驚訝，在他眼中，我向來是個堅強又好勝的女生，這麼多年來，從來沒有見過我也會有如此感性的一面，他認為我一定很愛這隻狗，於是反問我為何不乾脆自己收養？我確實有這麼想過，但自認自己還沒有準備好，也不確定有沒有這個能力，因為狗狗的照顧也有很多知識需要學習，更擔心我的父母能不能接受。就像帶牠看獸醫後，開給了牠治療皮膚病的藥，但我完全不會照顧狗狗，第一次餵狗狗吃藥，我把藥放在手掌上直接給牠吃，結果牠一舔後立刻吐了出來，而我朋友的先生則是將藥塞在罐頭裡，就輕鬆騙牠吃了下去。與其如此，還不如為牠找個比自己更適合的主人，加上收養者還是自己認識的朋友，若後續有什麼問題，也能夠在第一時間得知或伸出援手，這樣的結局算是相當圓滿了。

雖然和那隻柴犬相處不過短短的時間，不難看出牠是一隻膽小又任性的狗，像是過馬路、爬樓梯，或是經過牠覺得沒有安全感的地方，就會趴在地上不肯起來，因此我必須經常抱著牠。想到自己以前在求學階段並沒有什麼責任感，不認真上課、學習、寫功課，出了社會後因為是群體生活，不得不讓自己有所改變。流浪狗的救援經歷，使我變得勇敢和積極，讓很多朋友都大感驚訝，連我自己也都覺得很不可思議，小時候的我那麼怕狗，但對於遭遇到危難的狗兒們，卻可能毫不猶豫一把將牠給抱起，完全忘了動物是有野性的，也沒想到在當下應該要懂得保護自己，而是覺得應該要把這份愛牠的心化為行動力，所以就算當下有猶豫或恐懼，我還是會做下去。即使這一切經歷我從來沒有接觸過，也讓我感覺好沉重，但我不願意因此而卻步，加上身邊有很多人

love you!!~

剛被領養不久。©周咪咪

給予我鼓勵和實際上的支持，所以會讓我更有信心做下去，在可以拯救到更多生命的這條路上，一點也不寂寞。

有些人會質疑，世界上有那麼多需要幫助的人，我們不去幫助人卻跑去幫助動物，這樣是不對的，但我覺得這並沒有什麼對與錯，只要有能力去幫助有需要的人或動物，都是一件很好的事。相信大家一定也聽過詐騙集團利用大家的愛心來騙取財物的事，使得願意做好事的人因為害怕被騙而變少了，我曾經也很困惑，怕有可能反而助紂為虐，但如果因此而不敢幫助需要幫助的人，會不會又錯失了可以幫助他們的機會？後來有位老師跟我說，只要想幫就去做，顧慮太多是沒有用的，用人家善心做壞事的人，相信總有一天會自食惡果。

每個禮拜我去木柵動物園的路上，都會遇到賣玉蘭花的老婦人，我也會固定跟她買，她每次都露出陽光般的笑容對我說：「小姐，你好漂亮！祝你發大財！」她不但自食其力，也使我每次在車上聞到花香時，就會很感謝她，即使才只有短短五秒鐘的互動，也可以讓我開心一整天，心情變得愉快美好，原來簡單的付出，就能獲得幸福快樂。

真心希望保育意識能夠越來越普及，盡量不破壞這個環境、減少污染，否則別說野生動物們，就連我們人類的下一代恐怕都會過著很辛苦的生活。衷心期盼以後的世界，不會變成是「為了野生動物們好，而只能把牠們關在動物園才最安全。」

每個人都有能力讓世界變得更美好

　　我是個從小在都市中長大的小孩，平常的休閒活動就是逛街、運動或是偶爾和朋友聚餐小酌，過著標準都市人的生活，也可以說是活在只有「人」的世界中。但認識了圓仔之後，每周來動物園成為我最快樂的事，也讓我開始發現原來動物是如此的有趣、迷人，也更懂得尊重所有的生命。自從開始關注保育議題之後，讓我開始經常反思自己除了認真工作之外，還對這個地球、社會做出了哪些貢獻。但是坦白說，一開始我對於動物受虐、流浪動物這類動保議題，常常是抱著鴕鳥心態，不忍心去聽、去看、去知道，很害怕自己接觸到這些令人難過的消息而難以承受。後來我轉個念頭要自己學著釋懷，因為如果我矇著眼睛、搗著耳朵，裝作不知道這件事的發生，那麼或許我原本有能力可以為這些需要幫助的動物做些什麼，卻因為怕自己難過，而失去能及時伸出援手的機會。不去關心、不去幫助這些弱勢動物們的消極心態和行為，只會讓更多悲劇一再重覆發生，但是只要能以自己身體力行為榜樣，就一定能影響與感動周圍的人，希望大家一起努力，讓這份關懷的能量能夠串聯起來，變得更巨大，就可以讓台灣的保育環境變得更加美好！

感謝浪浪別哭的愛心與付出，讓更多毛小孩可以找到愛他的主人與溫暖的家！！©周咪咪

　　有不少收容所會安排學校進行參訪或是和表演劇團合作，目的是藉由活動來教導我們的下一代，培養他們具有保護動物的愛心，這樣才能將保育觀念落實。尤其很多飼主決定棄養寵物最常聽到的原因就是因為有了小孩，主要是擔心衛生環境難以維護，會對小孩的健康造成影響，雖然聽起來確實似乎有道理，但其實只要有心，願意付出努力，很多問題是可以被克服解決的。像我認識的一位朋友，他們家養了兩隻流浪狗，流浪狗和她的小孩互動就非常好，不但孩子們很懂得愛護狗狗，從小就學習如何照顧狗狗，還經常搶著幫媽媽分擔照顧狗狗的工作，像是餵牠們吃飯、帶牠們去散步、幫牠們梳理毛髮……狗狗也會陪著小孩一起玩，真的就像是一家人一樣，彼此照顧、相互陪伴。我還聽說很多學校也成立了保育動物社團，甚至學生們會主動照顧校園裡的流浪狗，像是輔大的學生就曾發起募款活動，利用大家的捐款來照顧這些校狗。也有越來越多寵物店，開始設立愛心認養區域，幫助動物收容所一同推動「以認養代替購買」的理念，而不是一昧想著要賺錢，這樣的商家真的很值得鼓勵和推崇。若是每個人都有這樣的觀念，再加上政府對於動物保護法有更加周全的制度，就能杜絕惡劣環境下的非法繁殖行為，對於飼養動物也應該有嚴謹的規範，達到有效抑止任意棄養的惡習，飼主既然決定要養動物，就要有照顧牠們一輩子的責任感和決心。

愛自己，也愛和這個地球共存的所有美好生命

要把自己的心路歷程說出來，對我這個好面子的人來說，並不是一件很容易的事，但如果我有能力影響曾經有像我一樣經歷的人，這一切就值得了。

另外，我還有一個私心，當然就是希望能讓更多人看到圓仔的萌，而圓仔對我的影響，讓我在遇到不順心的挫敗中，能勇敢站起來，去發現生命中的美好，所以我很希望能以於圓粉的角度，來分享牠對我的改變和意義、讓我的生活更有重心、讓我尋找到快樂、讓我認識到保育動物的珍貴……，更想告訴全世界，牠除了可愛的外表，還有很大的影響力，能給予我們深刻而正面的力量，最最最重要的是，把「尊重生命」的想法傳遞給許許多多的人，讓大家能更珍惜我們的環境、愛護人類和所有共存在這個地球上的可愛生物們。

我小時候也曾經被狗追過，因此對狗有種恐懼感，但開始愛圓仔後，就會發現動物們的可愛，也意識到每個生命都是值得珍惜與寶貴的，這種恐懼竟也慢慢消失了，反而主動想要去關心流浪動物，才發現需要救援的動物真的太多了，於是就開始做了幾

件事：第一是當我發現有流浪狗時，便會寫貼文PO上網，讓牠能受到更多人關注；第二就是每個月捐助一些款項，給有能力收留流浪動物的愛心之家，協助他們為流浪動物解決吃與住的問題。不過這些流浪動物收容之家的環境也要很注意，也有一種做法是如果流浪貓狗所待的環境還不錯，例如鄰居都認識牠、不會欺負牠，這個環境對牠很友善也很安全，或許可以帶牠去結紮，然後原地放養，讓牠能生活在熟悉的環境中。

我真的很慶幸自己當初出手救了那隻柴犬，如果當時我也像周圍的人一樣，相信牠的主人會來帶走牠，可能到現在那隻柴犬還待在那個惡劣的環境挨餓受凍，甚至遭遇到難以想像的不幸事故。即使牠現在仍然在適應新環境，但至少我能夠不用為牠的安危而擔心。更希望有越來越多人願意關心這個議題，我們跟動物間的相處關係也會越來越好，被棄養與傷害的流浪動物才會越來越少。

二郎現在和大乖一起開心過日子！©Teresa Wang

療癒之話：

忙碌之外，我的心有了
一種黑白圓點的依靠

我以前會把工作、感情看得非常重，認為這是我生活中的全部，因此一旦發生了不如我意的問題時，就很容易鑽牛角尖。直到圓仔療癒了我，讓我能把注意力轉移，看到牠就會覺得很開心，給了我無窮的正能量，讓我衷心相信再天大的事，最終一定能夠找到解決的方法。

何不活在當下，
樂見未來？

©莊明琪

想起來連我自己都覺得不可思議，即使現在的生活依舊忙碌，免不了還是常會遇到各種挫折和打擊，但是我的心態卻完全和以前不一樣了，變得更勇敢、坦然、樂觀，我想差別就在於現在的我在遇到不如意的事情時，已經學會不再一直把焦點放在自己身上，自然也就不會只看見自己的問題和不愉快，至於要如何轉化自己的心境，其實有很多的管道和方式。

例如到廟裡走走，聽聽誦經的聲音，被虔誠靜默的氛圍所感染，就能暫時拋開煩惱，達到一種忘我的境界。或是找自己最好的朋友聊聊天、訴訴苦，更積極的方法，就是去運動，痛痛快快一身汗。我記得以前有段不開心的日子，我就是每週上瑜伽中心發洩自己的情緒，結果有一天，我收到一個在瑜伽中心認識的朋友所傳的簡訊，內容是：「今天外面下著大雨，我知道妳的心情或多或少會受到影響，但我只想跟妳說，沒有過不去的難關，就像雨過之後總會天晴一樣，到時記得看看天空，說不定還能見到美麗的彩虹。」我當時好感動，雖然和她不是很熟，只不過運動

雨後總會天晴。 ©周咪咪

時遇到會打個招呼，但是她卻能看出我的不快樂，甚至會想到在
一個下雨天傳遞一份關懷和溫暖，真的讓我很感動。

　　所以無論任何人遇到心煩的事情，都可以透過朋友、宗教，
或是像我一樣去找尋、接觸自己喜歡的事物，來做為紓壓管道，
而不是一直把問題不斷放大，卻不積極找方法解決，其實只要退
一步來想，真的沒有任何難關是過不去的！

　　圓仔帶給我的改變不只如此，讓認識我的人都驚呆了。說穿
了，我以前是個很直來直往的人，只要看不順眼的事，就會直接
說出來，也不太會給別人留情面，想做什麼就做什麼，這和我的
生長背景有很大的關係，我是老么，從小就比較受寵，出了社會

慢慢來，急甚麼呢？！

©玉山

後年紀輕輕又當上主管職，自我要求嚴格的性格，使得對屬下態度也很嚴厲。在工作上我不是個好相處的人，同事們都不諱言說我是個很難搞的人，加上我的個性又很急，吃飯吃很快，處理事情也很明快，但調適能力卻很差，所以我很擔心在下班後和朋友相約，因為我可能會帶著工作上嚴肅的心情參加原本大家很歡樂的飯局；或是出個國少帶了什麼東西，就會懊惱許久，凡事都要再三確定才會安心的人；也不太習慣跟晚輩相處。記得曾經有人問我是不是獨生女，因為很害怕他的女兒將來會像我一樣驕縱。但愛上了圓仔以後，讓我成為一個有溫度的人，心，也變得柔軟許多，即使在工作場合中，有時還是不得不以強悍和強勢的態度來面對與處理問題，同事常常也不把我當女生看待，但是神奇的是，只要一接觸到圓仔的相關話題，我立刻就能變成另外一個

人，所以在動物園所認識的圓粉朋友，在他們眼中所看到的，是個完全與職場上不同的我，如果你問他們我是個怎樣的人，他們一定會告訴你：「咪咪人很好，是個超有耐性又很活潑有趣的人。」來到動物園，我就能從商場上的女強人立刻變成了追星小女生，穿著休閒輕鬆的裝扮，就像在學生時期一樣自由自在，輕鬆愉快做回最自然、單純的自己，工作再忙，只要對自己說：「等放假就能去找圓仔了。」馬上就能讓精神為之一振，也是我工作之餘最棒的生活寄託。當我發現能夠寬心去看待一切，也就更容易設身處地站在不同的角度去看事情，願意妥協和做更多的溝通。

而我的朋友也受益匪淺，因為以前只要有煩心事，我就會纏著朋友，所以圓仔的出現，終於讓他們獲得了救贖，朋友們還跟我說：「好加在有圓仔出現，不然妳以前真的很煩耶！」

©Nicole Huang

越是簡單，
越能體會快樂的真諦

　　我連想都沒有想過，出了社會之後的我，竟然會有這麼常跑動物園的一天，雖然動物園是我們兒時很多人的快樂天堂，但是一般人長大之後，除了熱愛動物的人或是家裡有小朋友的父母外，也很少會想到要去動物園吧！一點也不誇張，我只要一個禮拜沒有去動物園報到，全身就感覺不對勁，曾經有一個周末，我和朋友聚餐時多喝了兩杯，回到家隔天宿醉非常不舒服，但我堅持拿出相機想要依照既定行程去跟圓仔相會，可是剛離開床，頭就又暈又痛到不行，於是我決定再躺一下，到了下午我再次嘗試起身，可是身體狀況還是糟糕透頂，一直到了下午四點，超過動物園的入園時間，我看著直播，不甘心的想著：「我今天真的不能去看仔仔了……」當天晚上真的好失落喔！以前這個時間我才剛從動物園回來，開始忙著看今天拍攝的圓仔照片，然後挑選出滿意的照片上傳網路和圓粉們分享今天有趣的點點滴滴，但今天的我好空虛、無聊，只能透過別人分享的照片，想像圓仔今天做了哪些事情，還嚴重告誡了自己一番，以後不准再因為這樣害得自己不能跟仔仔見面（我也知道自己病得不輕，哈！）。連我久居美國的姐姐難得回來，本來應該要帶她去台灣知名景點到處走走逛逛，但因為我的私心，第一站便是約姐姐去逛動物園，為了

請保佑我每天
有吃不完的窩窩頭！

©莊明琪

讓她同意，我還向她承諾，只要讓我看一下圓仔，多拍幾張照片
就走，想不到姐姐去了動物園之後，反倒是她不想急著離開。姐
姐說之前也曾經在美國看過團團的華美媽媽，但她所居住的芝加
哥卻沒有貓熊，所以不斷抱怨：「為何芝加哥動物園卻沒有貓
熊？」看到圓仔後她跟我一樣很興奮，尤其是當圓仔在吃東西
時，姐姐就像著了魔般，不停用迷戀的口吻直喊到：「天啊！牠
真的好可愛喔！」看來，圓仔又輕而易舉成功收服了一位鐵粉。

　　每當從動物園回到家後，任務還未結束，因為還要花上好一
段時間去整理當天在動物園所拍的照片，幫這些照片歸檔、配文
字和音樂，製作短片，最後po上網和圓粉們分享，也不能忘了和
來自世界各地的貓熊迷們進行交流，尤其是貓熊們精彩逗趣的影

片，常會讓我看得廢寢忘食、樂不思蜀，所以我常覺得，生活中有了圓仔，反而讓我變得更加忙碌，但是忙得很開心！

「妳為什麼會那麼喜愛圓仔？」是別人最常問我的問題，尤其是看到有人露出一臉不可置信的表情時，我就不禁在心裡想：「難道愛圓仔還有年齡限制嗎？還是怎樣的人才應該是喜歡動物的人？」我相信只要看過圓仔，就一定會被牠所吸引，不論是可愛的外表，或是傻裡傻氣、天真無邪的個性，都是那麼樣的討人喜愛，看著牠的當下，也喚醒了我們內心最簡單、純粹的部分。為了圓仔，在牠的生日當天，我可以在動物園開園前就已經趕到門口排隊，一直待到關館才結束，一整天就是看著牠吃東西、玩耍、睡覺，用相機捕捉牠有趣的畫面，和其他圓粉聊聊天，但卻覺得這一天過得很快，也讓我感覺很幸福、愉快和滿足。我想，這種最簡單的快樂是現代很多人都無法有所體會的，因為生長在現代科技文明發達的我們，早已被高科技給寵壞了，反而不像以前務農時代，大家過著簡簡單單卻很容易開心滿足的生活。我們習慣把時間塞得很滿，但越發感到空虛，像以前的我一直在追求優質、物質化的生活享受，越是忙碌於工作就越想要花錢來犒賞自己，於是掉入惡性循環的輪迴中，但現在我在花錢之前，都會先想想，這筆錢真的需要用掉嗎？如果我能夠節省下來，是不是就可以用這些錢來幫助更多有需要的動物們？是不是會更有意義？這時，我腦海中便會浮現出圓仔

開心！

©Teresa Wu

吃到好吃的東西時，那一臉心滿意足的樣子，這樣的天真、自然、簡單，就能讓我感到很富足。

如果我們的心都能夠回歸到最原始的自己，就像兒時童年那樣，吃了美味的一餐、看了一場精彩的電影、和喜愛的朋友見面聊天、做了一件有意義的事……就樂開懷個好半天，這樣容易滿足的心態會讓人一點也不難發現，快樂原來就是如此唾手可得的事，因此現在我的內心感覺總是很充實，就算外表再也回不去以往的年輕貌美那又如何？懂得欣賞現在的自己，反而更自在快活、自信無敵！

愛圓仔的心永遠不會改變。©江貞融

眾生系列　JP0124

貓熊好療癒：
這些年我們一起追的圓仔～～頭號「圓粉」私密日記大公開！

作　　者／周咪咪
責任編輯／李玲
業　　務／顏宏紋

總 編 輯／張嘉芳
出　　版／橡樹林文化
　　　　　城邦文化事業股份有限公司
　　　　　104台北市民生東路二段141號5樓
　　　　　電話：(02)2500-7696 傳眞：(02)2500-1951
發　　行／英屬蓋曼群島商家庭傳媒股份有限公司城邦分公司
　　　　　104台北市中山區民生東路二段141號2樓
　　　　　客服服務專線：(02)25007718；25001991
　　　　　24小時傳眞專線：(02)25001990；25001991
　　　　　服務時間：週一至週五上午09:30～12:00；下午13:30～17:00
　　　　　劃撥帳號：19863813 戶名：書虫股份有限公司
　　　　　讀者服務信箱：service@readingclub.com.tw
香港發行所／城邦（香港）出版集團有限公司
　　　　　香港灣仔駱克道193號東超商業中心1樓
　　　　　電話：(852)25086231 傳眞：(852)25789337
馬新發行所／城邦（馬新）出版集團【Cité (M) Sdn.Bhd. (458372 U)】
　　　　　41, Jalan Radin Anum, Bandar Baru Sri Petaling,
　　　　　57000 Kuala Lumpur, Malaysia.
　　　　　電話：(603) 90578822　傳眞：(603) 90576622
　　　　　Email：cite@cite.com.my

封面設計／周家瑤
內文排版／林恒如
印　　刷／中原造像股份有限公司

初版一刷／2017年3月
I S B N／978-986-5613-40-2
定價／340元

國家圖書館出版品預行編目（CIP）資料

貓熊好療癒 / 周咪咪著. -- 初版. -- 臺北市：橡樹林
文化, 城邦文化出版：家庭傳媒城邦分公司發行,
2017.03
面；　公分. -- (眾生；JP0124)
ISBN 978-986-5613-40-2(平裝)
1.貓熊科 2.通俗作品

389.811　　106002080

城邦讀書花園
www.cite.com.tw

104 台北市中山區民生東路二段 141 號 5 樓

城邦文化事業股分有限公司

橡樹林出版事業部　收

請沿虛線剪下對折裝訂寄回，謝謝！

買貓熊抽圓仔！

特別獎「三代圓仔公仔」1 份
頭獎「圓仔收納小鐵盒」10 份
貳獎「呆萌貓熊紙膠帶」10 份

活 動 辦 法

① 填妥後面資料（尤其 mail，才能通知你喔！）
② 投遞郵箱（免貼郵票，揪甘心）
③ 祈禱拜拜（拜託抽中我 !!）

● 2017/3/31活動截止，以郵戳日期為準。
● 2017/4/7公布得獎名單，以mail各別通知並公布於臉書「橡樹林好書分享團」。

書名：貓熊好療癒　書號：JP0124

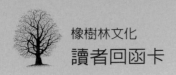

橡樹林文化

讀者回函卡

感謝您對橡樹林出版社之支持，請將您的建議提供給我們參考與改進；請別忘了給我們一些鼓勵，我們會更加努力，出版好書與您結緣。

姓名：＿＿＿＿＿＿＿＿＿　□女　□男　　生日：西元＿＿＿＿＿＿年

Email：＿＿＿＿＿＿＿＿＿＿＿＿＿＿＿＿＿＿＿＿＿＿＿＿＿＿

●您從何處知道此書？

　　□書店　□書訊　□書評　□報紙　□廣播　□網路　□廣告 DM

　　□親友介紹　□橡樹林電子報　□其他＿＿＿＿＿＿＿＿＿

●您以何種方式購買本書？

　　□誠品書店　□誠品網路書店　□金石堂書店　□金石堂網路書店

　　□博客來網路書店　□其他＿＿＿＿＿＿＿

●您希望我們未來出版哪一種主題的書？（可複選）

　　□佛法生活應用　□教理　□實修法門介紹　□大師開示　□大師傳記

　　□佛教圖解百科　□其他＿＿＿＿＿＿＿＿＿

●您對本書的建議：

＿＿＿＿＿＿＿＿＿＿＿＿＿＿＿＿＿＿＿＿＿＿＿＿＿＿＿＿＿＿

＿＿＿＿＿＿＿＿＿＿＿＿＿＿＿＿＿＿＿＿＿＿＿＿＿＿＿＿＿＿

＿＿＿＿＿＿＿＿＿＿＿＿＿＿＿＿＿＿＿＿＿＿＿＿＿＿＿＿＿＿